COURS
DE
GÉOMÉTRIE
THÉORIQUE ET PRATIQUE,

PAR

LENTHÉRIC,

Docteur ès-sciences mathématiques et ès-sciences physiques, Professeur de mathématiques à l'École de droit à Montpellier, et Membre de l'Académie des Sciences de Montpellier et de Marseille.

SECONDE ÉDITION

REVUE, CORRIGÉE

ET AUGMENTÉE DE NOTIONS DE TRIGONOMÉTRIE.

PONTS ET CHAUSSÉES FRANÇAISES

MONTPELLIER

COURS

DE

GÉOMÉTRIE

THÉORIQUE ET PRATIQUE.

PAR

LENTHÉRIC,

Licencié ès-Sciences mathématiques et ès-Sciences physiques, Professeur de mathématiques à l'École du Génie à Montpellier, et Membre de l'Académie des Sciences
et Lettres de la même ville.

SECONDE ÉDITION

REVUE, CORRIGÉE

ET AUGMENTÉE DE NOTIONS DE TRIGONOMÉTRIE.

VOLUME IN-8o AVEC PLANCHES.

PRIX : 4 FR.

MONTPELLIER,

CHEZ RICARD FRÈRES, IMPRIMs-ÉDITEURS, PLAN D'ENCIVADE.

F. SEGUIN, LIBRAIRE, RUE ARGENTERIE.

PATRAS, LIBRAIRE, GRAND'RUE.

ET CHEZ LES PRINCIPAUX LIBRAIRES DE MONTPELLIER
ET DU DÉPARTEMENT.

1856.

EXPLICATION DES TERMES ET DES SIGNES.

Axiome : proposition évidente par elle-même.

Théorème : proposition qui devient évidente au moyen d'un raisonnement appelé *démonstration*.

Problème : question proposée qui exige une *solution*.

N. B. Les énoncés des théorèmes et des problèmes sont imprimés en lettres différentes de celles du texte.

Hypothése : supposition faite, soit dans l'énoncé, soit dans le courant de la démonstration d'une proposition.

+ Signe de l'addition. S'énonce *plus*. Ex. : AB+AC qui indique qu'il faut ajouter la ligne AC à la ligne AB, et s'énonce AB *plus* AC.

— Signe de la soustraction. S'énonce *moins*. Ex. : AB — A C qui indique qu'il faut retrancher AC de AB, et s'énonce AB *moins* AC.

$\times$ Signe de la multiplication. S'énonce *multlplié par*. Ex. : A$\times$B qui indique la multiplication de A par B, et s'énonce A *multiplié par* B.

La division s'indique en écrivant le dividende au-dessus du diviseur dont on le sépare par un trait horizontal. Ex.:

$$\frac{AB}{AC}$$ que l'on énonce AB *divisé par* AC ou AB *sur* AC. On l'indique aussi par deux points : qui s'énoncent *divisé par*. Ex. AB : AC qui signifie AB *divisé par* AC.

Le carré d'une ligne AB s'indique par AB^2 que l'on énonce AB *carré* ; son cube par AB^3 que l'on énonce AB *cube*.

$\sqrt{}$ Signe des racines appelé *radical*. Ex. : $\sqrt{AB \times AC}$ qui se lit *racine carrée* de AB$\times$AC.

= Signe d'égalité. S'énonce *égale*. Ex. : AB=AC que l'on énonce AB *égale* AC.

Pour exprimer que A est plus grand que B, on écrit A$>$B que l'on énonce A *plus grand que* B.

Pour exprimer que A est, au contraire, plus petit que B, on écrit A$<$B que l'on énonce A *plus petit que* B.

N. B. On a marqué du signe (*) les parties que les commençants ou ceux qui n'ont pas besoin de connaissances étendues peuvent se dispenser d'étudier.

COURS

DE GÉOMÉTRIE.

DÉFINITIONS.

1. La géométrie a pour objet la mesure de l'étendue et l'étude de ses propriétés.

L'étendue a trois dimensions : la *longueur*, la *largeur* et la *hauteur* que l'on nomme aussi *épaisseur* ou *profondeur*.

Considérée sous ces trois dimensions, l'étendue prend le nom de *corps*, *solide* ou *volume*.

Considérée sous deux dimensions seulement, longueur et largeur, elle prend le nom de *surface*.

Considérée sous une seule dimension, la longueur, elle prend le nom de *ligne*.

L'extrémité d'une ligne est appelée *point*.

2. On distingue trois espèces de lignes : la ligne *droite*, la ligne *brisée* et la ligne *courbe*.

La ligne droite est le plus court chemin d'un point fig. 1. *à un autre.*

Deux points d'une ligne droite suffisent pour nous donner une idée nette de sa direction, non-seulement entre ces points ; mais au-delà ; et nous concevons cette direction indéfinie et unique ; par conséquent :

deux lignes droites qui ont deux points communs coïncident dans toute leur étendue.

fig. 2.   La ligne *brisée* est une ligne composée de lignes droites qui en sont dites les *côtés.*

fig. 3.   La ligne *courbe* est une ligne qui n'est ni droite, ni brisée.

3. On distingue aussi trois espèces de surfaces : la surface plane ou le *plan*, la surface *brisée* et la surface *courbe.*

On appelle *plan* une surface sur laquelle une ligne droite peut s'appliquer dans tous les sens, de telle sorte que dès qu'elle passe par deux points quelconques pris dans le plan, elle soit tout entière dans ce plan.

On appelle surface *brisée* une surface composée de plusieurs surfaces planes qui en sont dites les *faces*; et surface *courbe* une surface qui n'est ni plane, ni brisée.

GÉOMÉTRIE PLANE.

§ 1er. — TRACÉ ET MESURE DES LIGNES DROITES.

4. On sait comment on trace les lignes droites sur le papier au moyen de la *règle.*

On indique la direction d'une ligne droite sur le terrain par des piquets ou jalons. Deux piquets suffiraient pour indiquer la direction rectiligne d'un point à un autre ; mais si les points étaient assez éloignés, il faudrait en placer d'autres intermédiaires.

Les droites sont, comme toutes les quantités, susceptibles d'addition, de soustraction, de multiplication et de division.

5. *Pour ajouter des droites*, par exemple les trois droites A, B, C, on les porte, au moyen du *compas*, l'une à la suite de l'autre sur une même droite indéfinie, et l'on obtient ainsi E F pour la somme.

fig. 4.

6. *Pour trouver la différence de deux droites* A C et D E, on porte la plus petite sur la plus grande à partir de l'une des extrémités de A en B, et B C est la différence.

fig. 5.

7. *Pour trouver une droite qui soit multiple d'une droite donnée* A, on porte cette droite successivement deux fois, trois fois.... sur une droite indéfinie, et l'on a E Q pour le double, E R pour le triple....

fig. 6.

8. La division des droites présente deux cas distincts.

1° *Diviser une droite* A B *en un certain nombre de parties égales, par ex., en 5 parties.*

On estime à vue d'œil le cinquième de la droite, et prenant une ouverture de compas égale, on porte cette ouverture 5 fois sur la droite à partir de l'une des extrémités. Si l'on trouve un reste D B, on augmente l'ouverture de compas du cinquième de ce reste que l'on estime aussi à vue d'œil, et l'on porte la nouvelle ouverture de compas sur la droite. Si l'on trouve un excès B E, on diminue l'ouverture de compas du cinquième de cet excès estimé à vue d'œil ; l'on porte la nouvelle ouverture de compas sur la droite, et ainsi de suite, jusqu'à ce qu'on en trouve une qui y soit contenue 5 fois.

fig. 7.

N. B. Ce procédé *pratique* est le seul que nous puissions indiquer maintenant pour la division des droites en parties égales.

Pour prendre une fraction donnée d'une droite, les $\frac{5}{9}$ de A B, par ex., on divise A B en 9 parties égales, et la longueur A C formée de 5 de ces parties est les $\frac{5}{9}$ de A B.

2° *Trouver le rapport en nombres de deux droites.*

Portons la plus petite droite C D sur la plus grande A B autant de fois que possible, 2 fois, par ex., et supposons qu'on trouve un reste E B, on aura :

$$(1) \; A B = 2 \, C \, D + E \, B.$$

Portons le reste E B sur la plus petite droite C D autant de fois que possible, 3 fois, par ex., et supposons un nouveau reste F D, on aura :

$$(2) \; C \, D = 3 \, EB + F \, D.$$

Continuons de même jusqu'à ce qu'on trouve un reste qui soit contenu un nombre exact de fois dans le précédent ; supposons, par ex., qu'on trouve

$$(3) \; E \, B = 2 \, F \, D + G \, B$$
$$\text{et } (4) \; F \, D = 3 \, G \, B ;$$

Ce dernier reste G B sera la *commune mesure* des deux droites.

Pour trouver leur rapport en nombres, substituons dans l'égalité (3) la valeur de F D, ce qui donne

$$EB = 6 \, G \, B + G \, B = 7 \, G \, B :$$

Substituons les valeurs de E B et de F D dans l'égalité (2), on a

$$C \, D = 21 \, G \, B + 3 \, G \, B = 24 \, G \, B.$$

Substituons, enfin, les valeurs de C D et de E B dans l'égalité (1) et l'on trouve

$$A \, B = 48 \, G \, B + 7 \, G \, B = 55 \, GB.$$

Ainsi les deux droites A B, C D sont telles que, l'une étant divisée en 55 parties égales, l'autre contient

24 de ces parties; par conséquent elles sont dans le rapport de 55 à 24, ou, en d'autres termes, la petite est les $\frac{24}{55}$ de la grande, et la grande les $\frac{55}{24}$ de la petite.

N. B. Deux lignes pourraient être telles que, l'une étant représentée par 1, l'autre serait représentée par un nombre *incommensurable;* ainsi nous ferons voir que le côté d'un carré étant 1, sa diagonale est exprimée par $\sqrt{2}$. Par conséquent deux pareilles droites n'ayant pas de commune mesure, en leur appliquant le procédé que nous venons d'indiquer, on ne devra jamais trouver un reste nul. Mais les restes successifs devenant de plus en plus petits, on finira toujours par trouver un reste *inappréciable* au compas, et, en considérant ce reste comme nul, on aura en nombres un rapport des deux droites qui ne sera qu'approximatif *en théorie*, mais que l'on pourra considérer comme exact *dans la pratique*.

9. L'unité de mesure des longueurs est le *mètre*.

On emploie le *double décimètre* pour mesurer les droites tracées sur le papier; et *l'on peut trouver plus simplement le rapport en nombres de deux ou de plusieurs droites en les évaluant au moyen du mètre et de ses sous-multiples, ou au moyen d'une droite graduée quelconque.* Il est aussi facile de tracer, au moyen d'une droite graduée, des droites qui soient dans un rapport donné.

Les droites, sur le terrain, se mesurent avec le mètre ou avec la chaîne dite d'*arpenteur* qui a un *décamètre* de longueur.

Cette chaîne est formée de petites tiges en fer, assemblées par des anneaux de même métal. Les mètres sont indiqués par des anneaux de cuivre de cinq en cinq tiges : par conséquent, chaque tige vaut deux décimètres ou vingt centimètres ; la demi-tige vaut un décimètre ou dix centimètres, et le quart de tige un demi-décimètre ou 5 centimètres.

Pour mesurer une distance avec la chaîne, on porte successivement la chaîne sur cette distance, à partir de l'une des extrémités, autant de fois que possible ; on tend la chaîne sur le reste, et on compte les anneaux de cuivre et à la suite les tiges et fractions de tige qu'on trouve dans la partie superposée sur ce reste : par ex., si la longueur contient 7 fois la chaîne, et si, dans la partie de la chaîne superposée sur le reste, on compte trois anneaux de cuivre et à la suite deux tiges et un quart de tige, la longueur sera de 73^m,45. En effet, les 7 chaînes indiquent 7 décamètres ou 70^m ; les 3 anneaux de cuivre, 3^m ; les deux tiges, 0^m,4 et le quart de tige 0^m,05, en tout 73^m,45.

§ 2. — DES ARCS ET DE LEURS MESURES.

fig. 10.

10. On appelle *circonférence* de *cercle* une courbe plane dont tous les points sont également distants d'un point intérieur O qui en est dit le *centre*.

Le *cercle* est l'espace limité par la circonférence.

On appelle *rayon* toute droite menée du centre à la circonférence, comme O A, O B, O C, O D.

D'après la définition du cercle, *tous les rayons d'un même cercle sont égaux*.

On appelle *diamètre* une droite telle que B C, qui passe par le centre et se termine de part et d'autre à la circonférence.

Tous les diamètres d'un même cercle sont égaux; car un diamètre se compose de deux rayons.

On appelle *arc* une portion de la circonférence telle que A E C, et *corde* de l'arc la ligne droite A C qui joint les deux extrémités de l'arc.

N. B. Une corde A C d'un cercle correspond à deux arcs A E C, A B C qui valent en somme la circonférence; c'est toujours du plus petit de ces deux arcs que l'on entendra parler, à moins qu'on n'avertisse du contraire.

Les circonférences se tracent sur le papier au moyen du *compas* dont une pointe se meut autour de l'autre qui reste fixe; et sur le terrain, au moyen d'un cordeau dont une des extrémités est fixée par un piquet, et dont l'autre se meut et décrit une série de points qui sont tous à la même distance du point central, si le cordeau reste toujours également tendu.

11. *Tout diamètre B C partage le cercle et la circonférence en deux parties égales.*

Car si, en repliant la figure autour de ce diamètre, tous les points de la courbe C D B ne tombaient pas exactement sur la courbe C A B, il y aurait, dans l'une ou dans l'autre de ces courbes, des points inégalement distants du centre, ce qui est contraire à la définition du cercle.

   fig. 10.

12. *Toute corde est plus petite que le diamètre.*

Soit la corde A B; menant les rayons C A, C B à ses extrémités, on aura la ligne droite $AB < AC + CD$; c'est-à-dire plus petite que la somme de deux rayons ou plus petite qu'un diamètre.

   fig. 11.

13. *Dans le même cercle, ou dans des cercles égaux, les arcs égaux ont des cordes égales.*

fig. 12. Soient O et O' des cercles de même rayon et l'arc A C B égal à l'arc A' C' B', je dis que les deux cordes A B et A' B' seront égales.

En effet, supposons qu'on porte la seconde circonférence sur la première, de manière que les diamètres égaux A D, A'D' coïncident ; les circonférences coïncideront. Le point A' étant au point A ; à cause de l'égalité des arcs, le point B' tombera en B, et les deux cordes ayant les mêmes extrémités seront égales.

14. *Dans le même cercle, ou dans des cercles égaux, le plus grand arc est sous-tendu par la plus grande corde.*

fig. 13. Soit l'arc A B et un arc A C plus petit, que nous pourrons supposer transporté sur le plus grand, à partir de l'une des extrémités. Je dis que la corde A B est plus grande que la corde A C.

En effet, menant les rayons O C et O B, on a
$$A C < A D + D C$$
$$\text{et } O B < D B + D O$$
$$\text{donc } A C + O B < A D + D B + D C + D O$$
$$\text{ou } A C + O B < A B + O C$$
et retranchant de part et d'autre O B et O C égales comme rayons, il vient A C < A B. c. q. f. d.

N. B. Si l'on considérait des arcs plus grands que la demi-circonférence, le plus grand arc serait sous-tendu par la plus petite corde.

15. Réciproquement. *Dans le même cercle, ou dans des cercles égaux, les cordes égales sous-tendent des arcs égaux.*

Car, si ces cordes sous-tendaient des arcs inégaux, elles ne seraient pas égales*, comme on le suppose.   * 14.

16. *Des cordes inégales sous-tendent des arcs inégaux, et la plus grande corde sous-tend le plus grand arc.*

Car, si la plus grande corde sous-tendait un arc égal, elle serait égale à la plus petite corde*; et si   * 13.
elle sous-tendait un arc plus petit, elle serait plus petite que la plus petite corde *.   * 14.

N. B. Si l'on considérait des arcs plus grands que la demi-circonférence, la plus grande corde sous-tendrait, au contraire, le plus petit arc.

17. *Faire un arc égal à un arc donné* A B.

Décrivant un arc indéfini de même rayon, et portant sur cet arc la corde de l'arc A B de A' en B', on   fig. 14.
a l'arc A' B' égal à l'arc A B.

Il est maintenant facile de résoudre sur les arcs, *de même rayon*, les problèmes que nous avons déjà résolus sur les droites, savoir :

Tracer un arc égal à la somme de deux ou de plusieurs arcs.

Trouver la différence de deux arcs.

Tracer un arc multiple d'un arc donné.

Diviser un arc ou la circonférence en parties égales (par le procédé pratique indiqué pour la division des droites).

Trouver la commune mesure et le rapport en nombres de deux arcs ou d'un arc et de la circonférence.

Tracer des arcs qui soient dans un rapport donné.

18. Toute circonférence se divise en 360 parties égales appelées *degrés*, le degré en 60 parties égales

appelées *minutes*, et la minute en 60 parties égales appelées *secondes*.

La circonférence contient $360 \times 60 = 21600$ minutes et $21600 \times 60 = 1296000$ secondes.

On évalue un arc en degrés, minutes, secondes, de sa circonférence. Ainsi on dira : arc de 27 degrés 18 minutes 27 secondes, que l'on écrit d'une manière plus abrégée : arc de 27° 18' 27".

Un arc de 90° est le quart de sa circonférence; un arc de 180° en est la moitié : un arc de 270° en est les trois quarts.

§ III. — DES ANGLES ET DE LEUR MESURE.

fig. 15.

19. Lorsque deux droites A B, A C se rencontrent, elles s'écartent plus ou moins l'une de l'autre et forment ainsi ce qu'on appelle un *angle* : le point A où elles se coupent est le *sommet* de l'angle, et les droites A B, A C en sont les *côtés*.

L'angle se désigne ordinairement par trois lettres, placées l'une au sommet et les deux autres sur les côtés, en ayant soin de mettre celle du sommet au milieu. On le désigne quelquefois par la lettre du sommet seulement, mais il faut qu'alors le sommet ne soit pas commun à plusieurs angles. Par exemple, l'angle de la figure 15 se désigne en disant : l'angle B A C ou l'angle C A B; ou simplement : l'angle A.

La grandeur d'un angle ne dépend pas de la longueur des côtés : ainsi, l'angle B A C est le même que l'angle D A E.

Deux angles sont dits égaux lorsqu'on peut les superposer de manière que leurs côtés coïncident.

20. *Si deux angles A et A' sont égaux, les arcs BC, B' C' décrits entre leurs côtés, de leurs sommets comme centres, avec le même rayon, seront égaux.*

En effet, portons le second angle sur le premier de manière que le rayon A' B' coïncide avec le rayon AB qui lui est égal. Le point A' sera en A, le point B' en B. L'angle A' étant égal à l'angle A, l'autre rayon A' C' prendra la direction de A C; et comme A'C' =AC, le point C' viendra en C. Donc les deux arcs ayant les centres et leurs extrémités superposés, sont égaux.

fig. 16.

21. Réciproquement. *Si les arcs B C, B' C' décrits entre les côtés de deux angles, de leurs sommets comme centres, et avec le même rayon, sont égaux, les angles seront égaux.*

En effet, portons la seconde figure sur la première de manière que le rayon A' B' coïncide avec le rayon A B qui lui est égal. L'arc B'C' se superposera sur l'arc de même rayon B C; et comme ces arcs sont égaux, le point C' viendra en C : donc le second rayon A' C' prendra la direction A C, et les angles B A C, B'A'C', ayant les côtés superposés, seront égaux.

fig. 16.

22. *Deux angles B A C, D E F sont dans le même rapport que les arcs B C, D F décrits entre leurs côtés, de leurs sommets comme centres, avec le même rayon.*

En effet, supposons qu'on ait cherché la commune mesure des deux arcs, et que cette commune mesure soit un arc B O, contenu par ex. 10 fois sur l'arc B C et 7 fois sur l'arc D F. Menons des rayons aux points de division des deux arcs; nous décomposerons ainsi

fig. 17.

l'angle B A C en 10 angles qui seront égaux chacun à
l'angle B A O, parce que * leurs arcs décrits du sommet A comme centre, entre leurs côtés, sont égaux à
l'arc B O. L'angle D E F sera décomposé en 7 angles
égaux, par la même raison, à l'angle B A O; donc
les deux angles sont dans le rapport de 10 à 7, c'est-
à-dire dans le rapport de leurs arcs.

* 21.

Ce raisonnement étant indépendant de la grandeur
de la commune mesure B O des deux arcs, subsiste
quelque petite que soit cette commune mesure et par
conséquent lors même que les arcs seraient *incommensurables*. (Voyez note 1.)

23. *Faire un angle égal à un angle donné* A.

fig. 18.

Du sommet de l'angle donné comme centre et avec
un rayon quelconque, décrivons un arc B C entre les
côtés. Menons une ligne quelconque D E, et d'un
point D pris sur cette ligne décrivons un arc indéfini
de même rayon. Prenons sur cet arc une partie E F
égale à B C et joignons D F; l'angle E D F sera égal *
à l'angle A, à cause de l'arc E F égal à l'arc B C.

* 21.

Il est maintenant facile de résoudre sur les angles
les problèmes que nous avons déjà résolus sur les
droites et sur les arcs, savoir :

*Faire un angle égal à la somme de deux ou de plusieurs
autres.*

Faire un angle égal à la différence de deux autres.

Faire un angle multiple d'un autre.

*Trouver la commune mesure et le rapport en nombres
de deux angles.*

Tracer des angles qui soient dans un rapport donné.

fig. 19.

24. Lorsqu'une droite C D en rencontre une autre

A B de manière à former avec elle, d'un même côté, deux angles égaux A C D, D C B, ces angles égaux sont appelés angles *droits*, et la ligne C D est dite *perpendiculaire* sur A B.

25. *Par un point A d'une droite B C on peut toujours élever une perpendiculaire à cette droite; mais on n'en peut élever qu'une.*

Du point A comme centre et d'un rayon quelconque décrivons une demi-circonférence, et soit D son milieu. Les arcs B D et D C étant égaux, si l'on joint A D, cette droite forme * avec B C deux angles égaux B A D, C A D; donc A D est perpendiculaire sur B C.

Une autre droite A E menée par le point A, ne peut être perpendiculaire sur B C, car les angles B A E, E A C et par suite les arcs B E et E C seraient égaux *; donc le point E serait aussi le milieu de la demi-circonférence, ce qui est absurde.

26. *Tous les angles droits sont égaux entre eux :*

Soient D C perpendiculaire sur A B, et H F perpendiculaire sur E G. Je dis que les angles droits formés par la première perpendiculaire sont égaux aux angles droits formés par la seconde.

En effet, des sommets C et F, comme centres et d'un même rayon, décrivons les demi-circonférences égales A D B, E H G. La ligne D C étant perpendiculaire * sur A B, les angles A C D, D C B sont égaux : donc les arcs A D, D B sont aussi égaux *, et chacun d'eux est le quart de sa circonférence.

De même H F étant perpendiculaire sur E G, les angles E F H, H F G sont égaux * : donc les arcs E H, H G sont aussi égaux *, et chacun d'eux est le quart de sa circonférence. Mais les deux circonférences sont égales : donc l'arc A D, qui est $\frac{1}{4}$ de la première, est égal à l'arc E H, qui est $\frac{1}{4}$ de la seconde, et par suite * les deux angles A C D, E F H sont égaux. c. q. f. d.

Un angle C E D plus petit qu'un droit est dit *aigu*, un angle A E C plus grand qu'un droit est dit *obtus*.

27. On appelle *arcs semblables* ceux qui contiennent le même nombre de degrés, minutes, secondes, de leurs circonférences respectives, ou, en d'autres termes, qui sont les mêmes fractions de ces circonférences.

28. *Tous les arcs décrits entre les côtés d'un même angle, de son sommet comme centre, sont des arcs semblables.*

Soit l'angle B A C : décrivons entre ses côtés du sommet A, comme centre, les deux arcs D E, B C.

Au point A imaginons une ligne A G qui forme avec A B l'angle droit G A B, et prolongeons les arcs D E, B C jusqu'à la rencontre de cette ligne en F et en G.

Le rapport de l'angle C A B à l'angle droit G A B est le même * que celui des arcs D E et D F, ou que celui des arcs B C et B G, compris entre leurs côtés. Ainsi

$$\frac{DE}{DF} = \frac{BC}{BG} \quad \text{ou} \quad \frac{DE}{4DF} = \frac{BC}{4BG}$$

Or, 4 D F est la circonférence entière de l'arc D E, et 4 B G la circonférence entière de l'arc B C :

$$\text{donc} \quad \frac{DE}{\text{cir. } DE} = \frac{BC}{\text{cir. } BC} \quad \text{c. q. f. d.}$$

Par conséquent, si l'on avait un cercle gradué en

degrés, minutes, secondes, et qu'un angle eût son sommet au centre, le nombre de degrés, minutes, secondes, de l'arc intercepté par les côtés de l'angle serait toujours le même, quelque grand ou quelque petit que fût le rayon du cercle gradué.

29. On prend quelquefois l'angle droit pour unité d'angle. Alors les angles aigus sont représentés par des fractions, et les angles obtus par des nombres fractionnaires.

On prend plus souvent pour unité d'angle celui dont l'arc serait d'un degré. Pour avoir la mesure d'un angle, il suffit alors d'évaluer le nombre de degrés de son arc.

Il sera maintenant facile de comprendre ces dénominations : angle de 45°, angle de 13° 27', angle de 37° 42' 18", etc.

L'angle droit vaut $\frac{1}{4}$ de la circonférence, ou 90°; deux angles droits valent la demi-circonférence, ou 180°; trois angles droits, les $\frac{3}{4}$ de la circonférence, ou 270°, et quatre angles droits la circonférence entière, ou 360°.

Lorsque l'angle est évalué au moyen de l'angle droit pris pour unité, il est facile de trouver le nombre de degrés de son arc. Par exemple, un angle qui serait les $\frac{2}{3}$ d'un droit vaudrait $\frac{2}{3}$ de 90°, ou 60°; celui qui en serait les $\frac{4}{5}$ vaudrait les $\frac{4}{5}$ de 90°, ou 72°; celui qui en serait les $\frac{3}{7}$ vaudrait les $\frac{3}{7}$ de 90° $= \frac{270°}{7} = 38° 34' 17'' + \frac{2}{7}$.

30. Pour évaluer des angles, ou pour tracer des angles dont on connaît la mesure, on se sert d'un instrument appelé *rapporteur*, qui n'est autre chose

qu'un demi-cercle, en cuivre ou en corne, gradué en 180°.

fig. 24.   Pour évaluer un angle BCA, on applique l'instrument sur cet angle, de manière que le centre coïncide avec le sommet, et que le diamètre qui va de 0 à 180° soit dans la direction de l'un des deux côtés CB. Alors l'autre côté CA fait connaître, par celle des divisions de l'instrument par laquelle il passe, le nombre de degrés de l'arc, et par suite la mesure de l'angle. Par exemple, le côté CA passant par la division 51, on en conclura que l'angle est de 51°.

fig. 25.   Pour tracer, avec cet instrument, un angle d'un nombre déterminé de degrés, un angle de 35°, par exemple, on trace une droite, et, marquant un point A sur cette droite, on place l'instrument de manière que son centre coïncide avec le point A, et que le diamètre soit dans la direction de la ligne : cherchant alors sur le limbe le nombre de degrés de l'angle, on marque un point C sur le papier en cet endroit, et, joignant CA, l'angle CAB est l'angle demandé.

31. Les *graphomètres*, instruments propres à mesurer les angles sur le terrain, présentent tous un limbe ou un demi-limbe circulaires gradués en degrés, en demi et en quart de degrés, suivant la grandeur du limbe, et deux lignes de vision, dont l'une est fixe, de 0° à 180°, et l'autre mobile autour du centre du limbe.

fig. 26.   Le plus simple est composé de deux cylindres C, C' de même rayon, superposés l'un sur l'autre. L'inférieur C repose en A sur un pied à trois branches, et peut tourner sur lui-même. Le supérieur C' tourne sur lui-même au moyen d'un bouton B, qui ne communique aucun mouvement au cylindre inférieur. Ces cylindres sont fendus l'un et l'autre dans le sens de l'axe, suivant des lignes de vision V et V'.

Parallèlement à la circonférence a b de jonction est tracée, sur le cylindre inférieur C, une circonférence a' b' graduée en 360°, dont le zéro correspond à la ligne de vision V ; et sur le cylindre supérieur C' se trouve un petit arc gradué, appelé *vernier*, dont le zéro correspond à la ligne de vision V', et tel que les 15 divisions qui le composent équivalent à 14 des divisions inférieures.

Pour mesurer un angle avec cet instrument, on fait planter un jalon sur la direction de chaque côté ; on transporte l'instrument au sommet de l'angle, de manière que l'axe du pied A soit dans la verticale du sommet, et qu'on aperçoive le signal placé sur un des côtés de l'angle à travers la ligne de vision inférieure V ; on tourne ensuite le bouton B jusqu'à ce qu'on amène la ligne de vision supérieure V' dans la direction du signal placé sur l'autre côté de l'angle, et on lit alors le nombre de degrés qui est indiqué, sur la circonférence graduée, par le zéro du vernier.

Le vernier fait connaître les minutes. En effet, nous avons dit que les 15 divisions du vernier équivalent à 14° : donc une division du vernier équivaut à $\frac{14}{15}$ de degré ; par conséquent une des divisions de la circonférence surpasse une des divisions du vernier de $\frac{1}{15}$ de degré, c'est-à-dire de $\frac{1}{15}$ de 60' ou de 4'.

Le zéro du vernier se trouvant, par exemple, entre 37° et 38°, cherchons quelle est la division du vernier

qui correspond à un nombre exact de degrés. Si c'est
la division 1, l'angle vaudra 37°—4'; si c'est la division 2, l'angle vaudra 37°—8'; si c'est la division
7, l'angle vaudra 37°—28'.

Ainsi le nombre de minutes de l'angle s'obtiendra
en multipliant 4' par le rang de la division du vernier
qui correspondra exactement à une division du limbe.

Le graphomètre à pinnules porte sur son demi-
limbe une double graduation de 0 à 180, et en sens
inverse de 180 à 0. Les demi-degrés sont indiqués sur
le limbe. Un vernier adapté à l'alidade mobile porte 30
divisions équivalentes à 29 de celles qui, sur le limbe,
indiquent des demi-degrés. Par conséquent, chaque
division du vernier diffère du demi-degré de $\frac{1}{30}$.

Il faut donc ajouter $\frac{1}{30}$ de 30' ou 1' autant de fois
que l'indique la division du vernier qui correspond à
une division du limbe.

La graduation du limbe et celle du vernier sont
les mêmes dans le graphomètre à lunettes. Ainsi, ces
deux instruments donnent les angles à une minute près.

Le premier instrument que nous avons décrit ne peut
servir qu'à mesurer des angles tracés sur le terrain,
car le limbe est toujours horizontal. Les graphomètres,
à pinnules ou à lunettes, peuvent servir à la mesure des
angles quelconques; car le limbe peut prendre toutes
les inclinaisons possibles.

§ 4. — DES DROITES QUI SE COUPENT.

32. *Lorsqu'une droite* C D *en rencontre une autre* AB,
elle forme avec elle deux angles AC D, D C B, *que l'on*

appelle adjacents, et dont la somme est égale à deux angles droits.

En effet, la somme des arcs des deux angles, décrits avec le même rayon, forme une demi-circonférence*. fig. 32.
* 29.

N. B. Lorsque deux angles valent en somme deux angles droits, on dit que ces angles sont *supplémentaires*, ou que l'un d'eux est le *supplément* de l'autre.

Pour trouver le supplément d'un angle, il suffit de prolonger un de ses côtés.

Si l'angle est évalué en degrés, on trouve son supplément en retranchant la valeur de l'angle de 180°. Ainsi un angle de 37°—18'—27" a pour supplément 142°—41'—33".

33. *Tous les angles formés, d'un même côté d'une droite AB, autour d'un même point O valent en somme deux angles droits.*

En effet, la somme des arcs de ces angles, décrits d'un même rayon, forme une demi-circonférence*. fig. 33.
* 29.

34. *Deux angles ACD, DCB qui ont un côté commun et qui valent en somme deux droits, ont leurs côtés extérieurs AC, CB dans le prolongement l'un de l'autre.*

Car, si CB n'était pas le prolongement de AC, soit fig. 34.
CE ce prolongement; la ligne ACE étant droite, l'angle ACD vaudrait deux droits avec DCE*; mais on sup- * 32.
pose que l'angle ACD vaut aussi deux droits avec DCB; donc on aurait DCB=DCE, c'est-à-dire la partie égale au tout, ce qui est absurde.

35. *Lorsque deux droites AB, CD se coupent, les angles opposés par le sommet sont égaux.*

En effet, les deux angles AOD, COB valent chacun fig. 35.
deux angles droits avec le même angle DOB*. * 32.

De même, les deux angles A O C, D O B, valent chacun deux droits avec le même angle A O D.

36. *Si l'un des quatre angles formés par deux droites qui se coupent est droit, les trois autres le sont aussi.*

fig. 36.
* 32.
* 35.

Car A O C, par ex., étant droit, les supplémentaires A O D, C O B seront droits*, et son opposé D O B, qui lui est égal*, sera aussi droit.

fig. 36.

Il résulte de là que *lorsqu'une droite CO est perpendiculaire sur une autre A B, son prolongement O D est aussi perpendiculaire sur A B.*

Il en résulte encore que *la perpendicularité des droites est réciproque,* c'est-à-dire *que la droite C D étant perpendiculaire sur A B, la droite A B est à son tour perpendiculaire sur C D.*

fig. 37.

37. On appelle *triangle* la portion A B C d'un plan, circonscrite par trois droites qui se coupent.

Ces droites sont dites les *côtés* du triangle, et les points où elles se coupent sont appelés les *sommets* du triangle.

Nous avons démontré jusqu'ici l'égalité des figures, ou de quelques-unes de leurs parties, par la superposition ; mais il est souvent plus simple de la déduire de la considération des triangles ; ce sera donc une nouvelle ressource pour nos démonstrations que d'établir, dès à présent, les cas d'égalité des triangles. Ces cas peuvent se ramener aux trois suivants.

38. *Deux triangles sont égaux lorsqu'ils ont un angle égal compris entre deux côtés égaux chacun à chacun.*

fig. 38.

Soient les deux triangles A B C, A' B' C' qui ont l'angle A égal à l'angle A', le côté A B égal au côté

A'B' et le côté A C égal au côté A'C'; je dis que ces triangles sont égaux.

En effet, portons la seconde figure sur la première, de manière que le côté A'B' coïncide avec le côté A B, qui lui est égal ; le point A' sera au point A et le point B' au point B. Puisque l'angle A' est égal à l'angle A, le côté A'C' prendra la direction A C * ; et, comme de plus, le côté A'C' est égal à A C, le point C' viendra en C. Donc les deux triangles, pouvant se superposer de manière que les trois sommets coïncident, sont égaux dans toutes leurs parties.

* 19.

39. *Deux triangles sont égaux lorsqu'ils ont un côté égal compris entre deux angles égaux chacun à chacun.*

Soient les deux triangles A B C, A'B'C' qui ont le côté A C égal au côté A'C', l'angle A égal à l'angle A' et l'angle C égal à l'angle C'; je dis que ces triangles sont égaux.

fig. 38

Portons la seconde figure sur la première de manière que le côté A'C' coïncide avec le côté A C qui lui est égal, le point A' sera au point A et le point C' au point C. L'angle A' étant égal à l'angle A, le côté A'B' prendra la direction * du côté A B, et le point B' se trouvera quelque part sur la ligne A B, ou sur son prolongement. L'angle C' étant égal à l'angle C, le côté C'B' prendra la direction * du côté C B, et le point B' se trouvera quelque part sur la ligne C B, ou sur son prolongement. Le point B', devant se trouver à la fois sur les deux lignes A B et C B, sera à leur intersection B; donc les deux triangles, pouvant se superposer de manière que les trois sommets coïncident, sont égaux dans toutes leurs parties.

* 19.

* 19.

40. *Deux triangles sont égaux lorsqu'ils ont les trois côtés égaux chacun à chacun.*

Soient les deux triangles ABC, $A'B'C'$ qui ont le côté AB égal au côté $A'B'$, le côté AC égal au côté $A'C'$ et le côté BC égal au côté $B'C'$; je dis que ces triangles sont égaux.

En effet, menons par le point A une droite AD formant, extérieurement avec le côté AB du second triangle, un angle BAD égal à l'angle A', et prenons AD égal à $A'C'$ et par conséquent à AC. Les deux triangles BAD, $B'A'C'$ ayant l'angle DAB égal à l'angle A', par construction; le côté AD égal au côté $A'C'$, par la même raison; et le côté AB égal à $A'B'$, par hypothèse; seront * égaux. Je dis maintenant que le triangle BAD est aussi égal au triangle ABC. Ces deux triangles ayant le côté AB commun et le côté AD égal à AC, leur égalité serait prouvée, si l'angle DAB était égal à l'angle BAC*. Il s'agit donc de démontrer que la ligne AB partage l'angle DAC en deux parties égales. Pour cela supposons cet angle partagé en deux parties égales par une ligne AE différente de AB et joignons DE; les deux triangles DAE, EAC seraient égaux comme ayant l'angle DAE égal à l'angle EAC, par hypothèse, le côté AE commun et les côtés AD, AC égaux * : donc DE serait égal à EC. Mais on a $BD < BE + ED$. A cause de $DE = EC$, on aurait donc $BD < BE + EC$, c'est-à-dire $BD < BC$; et comme $BD = B'C'$, il en résulterait $B'C' < BC$, ce qui est contraire à l'hypothèse. Ainsi le triangle ABC est égal au triangle BAD, et par conséquent il est aussi égal au triangle $A'B'C'$.

§ 5. — DES PERPENDICULAIRES ET DES OBLIQUES.

41. *Par un point A pris hors d'une droite FC, on peut toujours abaisser une perpendiculaire sur cette droite, mais on ne peut en abaisser qu'une.*

Joignons le point A à un point quelconque C de la droite ; menons la ligne CB faisant avec CF un angle DCB égal à l'angle DCA ; prenons CB=CA et joignons AB ; je dis que cette ligne AB sera perpendiculaire sur FC.

Car les deux triangles ACD, DCB ayant l'angle DCB égal à l'angle DCA, par construction ; le côté CA, égal au côté CB par la même raison et le côté CD commun, sont égaux* : donc les angles adjacents ADC, CDB sont égaux et par conséquent droits. * Ainsi CF est perpendiculaire sur AB, et réciproquement* AB est perpendiculaire sur CF.

Supposons maintenant qu'on pût mener par le point A une autre droite AE perpendiculaire sur FC. En joignant EB, et repliant la figure autour de FC, la ligne BE coïnciderait avec AE : donc les angles DEA, DEB seraient égaux. Mais AE étant supposée perpendiculaire sur FC, l'angle DEA est droit ; ainsi son égal DEB serait droit ; mais ces deux angles ayant un côté ED commun, les côtés extérieurs AE, EB seraient en ligne droite* ; et la ligne ADB étant aussi droite, on pourrait mener deux lignes droites AEB, ADB, du point A au point B, ce qui est impossible.

42. *La perpendiculaire AB, abaissée d'un point A sur une droite, est la plus courte distance de ce point à* *la droite* ; ou, en d'autres termes, *la perpendiculaire* A B *est plus courte que toute oblique* A C.

fig. 41. En effet, prolongeons la perpendiculaire A B d'une quantité B F=A B et joignons C F ; les deux triangles A B C, C B F, ayant un angle égal compris entre deux * 38. côtés égaux, sont égaux* : donc C F=C A. Mais la ligne droite A B F est plus courte que la ligne brisée A C F : par conséquent la perpendiculaire A B, moitié de A B F est plus courte que l'oblique A C, moitié de A C F.

43. *Deux obliques* C A, C B *qui s'écartent également du pied de la perpendiculaire* C D *sont égales.*

fig. 42. Car les deux triangles C D A, C D B ayant les angles en D égaux, comme droits ; le côté C D commun et * 38. le côté A D=D B, par hypothèse, sont égaux* : donc C A=C B.

44. *Deux obliques* C A, C B *qui s'écartent inégalement du pied de la perpendiculaire* C D *sont inégales, et celle qui s'en écarte le plus est la plus longue.*

fig. 43. Sur D B>D A prenons D E=D A et joignons C E ; * 43. cette oblique C E étant égale à C A*, il reste à démontrer que C E est plus courte que C B.

Pour cela, par le point I, milieu de B E, élevons une perpendiculaire qui coupera évidemment l'oblique B C en un point G et joignons G E. Les deux obliques G E, G B, s'écartant également du pied de la perpen- * 43. diculaire G I, sont égales* : or, on a C E<C G+G E ou C E<C G+G B, c'est-à-dire C E<C B. c. q. f. d.

N. B. Les réciproques de ces propositions sont vraies et faciles à démontrer.

45. *Si on élève une perpendiculaire* C D *sur le milieu* C *d'une droite* A B, *chaque point de la perpendiculaire*

sera également distant des deux extrémités de la droite, et tout point situé hors de la perpendiculaire sera inégalement distant des mêmes extrémités.

En effet, soit D un des points de la perpendiculaire ; joignant D A, D B, ces deux obliques sont égales comme s'écartant également du pied C de la perpendiculaire *.

* 43.

Soit E un point pris hors de la perpendiculaire ; du point E abaissons une autre perpendiculaire sur la droite A B ; son pied sera un point F différent du milieu C de la droite : donc les deux distances A F, F B étant inégales, les obliques E A, E B le sont aussi *.

* 44.

46. *Élever une perpendiculaire sur le milieu d'une droite.*

Des deux extrémités A et B de la droite comme centres et avec un même rayon, décrivons deux arcs qui se coupent en C et D, et joignons C D, cette ligne, ayant deux de ses points C et D à égale distance des deux extrémités de A B, sera * perpendiculaire sur AB.

fig. 45.

* 45.

On peut d'ailleurs le démontrer, *à priori*, ainsi qu'il suit :

Joignons A C, A D, D B et B C ; les deux triangles A C D, C B D sont égaux comme ayant le côté C D commun, C A=C B, et A D=B D par hypothèse* : donc l'angle A C E du premier est égal à l'angle E C B du second. Par suite, les deux triangles A E C, C E B, ayant le côté C E commun, C A=C B par hypothèse, et l'angle A C E=l'angle E C B, sont égaux* : donc les angles AEC, C E B sont égaux et par conséquent droits, de plus A E=E B ; ainsi C D est perpendiculaire sur le milieu de A B. c. q. f. d.

* 40.

* 38.

* 8.   De là résulte un procédé *théorique** pour diviser une droite en 2 et par suite en 4, 16, 32..... parties égales.

47. *Par un point C, pris sur une droite A B, élever une perpendiculaire sur cette droite.*

fig. 46.   De chaque côté du point C prenant sur la droite deux distances C A, C B égales, le problème se ramène à

* 46.   élever une perpendiculaire sur le milieu de A B*.

48. *Par un point A, pris hors d'une droite, abaisser une perpendiculaire sur cette droite.*

fig. 47.   Décrivant du point A comme centre un arc qui coupe la droite en C et en D; le point A sera à égale distance de ces deux points, et le problème se ramènera

* 46.   à élever une perpendiculaire sur le milieu de C D*.

On pourrait prendre aussi deux points quelconques F et C sur la droite donnée, et de ces deux points comme centres, avec leurs distances au point donné A comme rayons, décrire deux arcs se coupant en E. En joignant A E; la droite F C, ayant deux de ses points F et C

* 46.   également distants de A et de E*, serait perpendiculaire sur A E, et à l'inverse A E serait perpen-

* 36.   diculaire sur F C*.

49. Le tracé des perpendiculaires sur le terrain s'effectue au moyen d'un instrument connu sous le nom d'*équerre d'arpenteur.*

fig. 48.   Il se compose d'un cylindre en bois ou en cuivre, fendu suivant deux diamètres E F, G H perpendiculaires l'un à l'autre, et supporté sur un pied.

fig. 49.   Si, après avoir fixé verticalement le pied de l'instrument en terre, on fait planter deux signaux dans la direction d'un diamètre E F, et deux autres signaux dans la direction de l'autre diamètre H G, ces quatre signaux indiqueront sur le terrain deux directions perpendiculaires l'une à l'autre.

Il est d'ailleurs facile de s'assurer de l'exactitude de l'instrument en faisant prendre au diamètre E F la direction indiquée par les signaux de l'autre diamètre H G, et voyant si alors le diamètre H G prend lui-même la direction des signaux du diamètre E F.

50. *Mener sur le terrain une perpendiculaire à une ligne* B C.

Si on veut mener la perpendiculaire par un point de la ligne, on dispose l'instrument en ce point de manière que l'un des diamètres E F soit dans la direction de deux signaux indiquant deux points B et C de la ligne, et l'on fait placer un autre signal en K, dans la direction de l'autre diamètre H G. Le pied de l'instrument et ce signal indiquent alors la direction de la perpendiculaire.

Si on veut abaisser la perpendiculaire par un point K pris hors de la droite, on cherche d'abord à vue d'œil où doit être le pied de la perpendiculaire ; et disposant alors l'équerre en ce point, dans la position 1, de manière que l'un des diamètres soit dans la direction des signaux placés en B et en C sur la ligne, on regarde à travers l'autre diamètre si l'on aperçoit le signal en K. Si on l'aperçoit, on a le pied de la perpendiculaire. Si le signal en K est à droite, on avance l'instrument dans la position 2, par exemple ; si le signal en K est alors à gauche, on a trop avancé l'instrument. On lui donne une position intermédiaire, et ainsi de suite jusqu'à ce qu'on rencontre une position telle que le centre de l'instrument étant en A et un diamètre dans la direction B C, le signal en K soit vu à travers l'autre diamètre.

51. On appelle triangle *rectangle* un triangle qui a un angle droit ; le côté opposé à l'angle droit est dit *l'hypoténuse* du triangle.

52. *Deux triangles rectangles sont égaux s'ils ont l'hypoténuse égale et un côté égal.*

fig. 51.

Soient les deux triangles rectangles A B C, A'B'C' qui ont l'hypoténuse A C égale à l'hypoténuse A'C' et le côté C B égal au côté C'B'.

Portons le second triangle sur le premier de manière que le côté C'B' coïncide avec le côté C B qui lui est égal : le point C' sera en C, et le point B' en B. L'angle droit B' étant égal à l'angle droit B, le côté B'A' prendra la direction B A, et je dis que le point A' devra tomber sur le point A. Car si le point A' tombait en D, avant le point A ; en joignant C D, le triangle D C B serait égal au triangle C'A'B', comme ayant un

* 38.

angle égal compris entre deux côtés égaux * : donc on aurait C D = C'A'. Et comme C'A' = C A, on devrait avoir C D = C A, ce qui est impossible, puisque C D et C A sont des obliques qui s'écartent inégalement du pied

* 44.

de la perpendiculaire C B *.

On démontrerait de même que le point A' ne peut pas tomber après le point A.

53. *Deux triangles rectangles sont égaux s'ils ont l'hypoténuse égale et un angle aigu égal.*

fig. 52.

Soient les deux triangles rectangles A B C, A'B'C' qui ont l'hypoténuse A C égale à l'hypoténuse A'C', et les angles A et A' égaux.

Portons le second triangle sur le premier de manière

que l'hypoténuse A'C' coïncide avec son égale AC : le point A' sera en A, et le point C' en C. L'angle A' étant égal à l'angle A, le côté A'B' prendra la direction AB; et je dis que le point B' tombera en B. Car s'il tombait en D avant le point B, le triangle CDA serait égal au triangle A'B'C'*, et on aurait CD perpendiculaire sur AB; mais CB est déjà supposée perpendiculaire sur AB : donc par un point C pris hors d'une droite AB, on pourrait abaisser deux perpendiculaires sur cette droite *.

* 38.

* 41.

On verrait de même que le point B' ne peut pas tomber après le point B.

54. *Le rayon* OD *perpendiculaire sur une corde* AB *d'un cercle divise cette corde et l'arc sous-tendu en deux parties égales.*

Car en joignant OA, OB, ces deux obliques, étant égales comme rayons, s'écartent également du pied de la perpendiculaire OE* : donc EB$=$EA. Par suite, les cordes AD, DB sont égales, comme obliques s'écartant également du pied de la perpendiculaire DE* : donc les deux arcs AD, DB sont égaux *.

fig. 53.

* 43. rec.

* 43.

* 15.

Conséquence. *La perpendiculaire élevée sur le milieu d'une corde d'un cercle passe par le centre et par le milieu de l'arc.*

55. *Diviser un arc en deux parties égales.*

En élevant une perpendiculaire sur le milieu de la corde, l'intersection de cette ligne avec l'arc fera connaître le milieu de cet arc. Par suite, il est facile de diviser un arc ou une circonférence en 4, 8, 16, 32..... parties égales.

56. *Diviser un angle en deux parties égales.*

fig. 54.

Prenons sur chacun des côtés, à partir du sommet, deux longueurs égales A C, A B ; des points C et D comme centres, et, d'un même rayon, décrivons deux arcs qui se coupent en D, et joignant A D, cette ligne divisera l'angle en deux parties égales.

* 54.

* 21.

Car si l'arc était tracé, la ligne A D, perpendiculaire sur le milieu de sa corde, diviserait cet arc en deux* ; et de l'égalité des arcs C E, E B résulte celle des angles C A E, E A B*.

* 40.

Ou bien : joignant C D et D B, les deux triangles D C A, D A B ont les trois côtés égaux* : donc l'angle C A D est égal à l'angle D A B.

N. B. La ligne qui divise un angle en deux parties est appelée la *bissectrice* de cet angle.

57. *Les bissectrices.* O F, O G *de deux angles adjacents sont perpendiculaires l'une à l'autre.*

fig. 55.

* 32.

En effet, les deux angles adjacents B O D, D O C valant en somme deux droits*, la somme des moitiés F O D + D O G = F O G vaut un droit.

58. *Tout point situé sur la bissectrice* A D *d'un angle* B A C *est également distant des deux côtés de cet angle. Et tout point* E *situé hors de cette bissectrice est inégalement distant des côtés.*

fig. 56.

En effet, d'un point O de la bissectrice abaissons des perpendiculaires O G, O F sur les côtés ; les deux triangles rectangles A O G, A O F ayant l'hypoténuse A O commune et les angles G A O, O A F égaux par hypothèse, sont égaux* : donc O G = O F.

* 53.

D'un point E, pris hors de la bissectrice, abaissons les perpendiculaires E B, E C ; du point G abaissons aussi la perpendiculaire G K et joignons E K ; nous au-

rons $EC < EK^*$ et $EK < EG + GK$; et comme $GK = GB$,   * 42.
nous aurons enfin $EK < EB$: donc à plus forte raison
$EC < EK$, sera $< EB$.

59. *Dans le même cercle ou dans des cercles égaux deux cordes égales* AB, CD, *sont également éloignées du centre* O.

En effet, les perpendiculaires OH, OK divisent les   fig. 57.
cordes en deux parties égales*; et en joignant OC et   * 54.
OA, les deux triangles rectangles OCH, OAK ont
l'hypoténuse égale et un côté égal * : donc $OH = OK$.   * 52.
c. q. f. d.

60. *Dans le même cercle ou dans deux cercles égaux, de deux cordes inégales* AB, CD, *la plus longue* AB *est la plus rapprochée du centre.*

Car la corde AB, étant la plus grande, sous-tendra   fig. 58.
le plus grand arc AB^*. Prenant sur AB, à partir du   * 14.
point A, un arc AE égal à l'arc CD, et menant la corde
AE, cette corde AE sera à la même distance du centre
que son égale CD^*. Or, AE est plus loin du centre   * 50.
que AB; car abaissant les perpendiculaires OG, OF,
on a $OG > OK$ et $OK > OF^*$: donc $OG > OF$.   * 42.

61. Réciproquement : *deux cordes également éloignées du centre d'un cercle sont égales.*

Car, si elles étaient inégales, elles seraient inégalement éloignées du centre*.   * 60.

62. *Deux cordes inégalement éloignées du centre d'un cercle sont inégales, et celle qui s'en écarte le moins est la plus longue.*

Car, si elle était égale à l'autre, elle s'écarterait égale-
ment du centre*; et si elle était plus petite, elle s'é-   * 59.
carterait davantage du centre*.   * 60.

§ 6. — DES PARALLÈLES.

fig. 59.   **63.** *Deux droites* A C, B D *perpendiculaires sur la même droite* A B, *ne peuvent jamais se rencontrer à quelque distance qu'on les prolonge.*

Car, du point où elles se rencontreraient, on pourrait abaisser deux perpendiculaires sur la droite A B, ce que nous avons démontré impossible*.

* 41.

Des droites qui, *tracées sur un même plan*, ne peuvent jamais se rencontrer à quelque distance qu'on les prolonge, sont dites *parallèles*.

64. Les géomètres ont fait des efforts infructueux pour démontrer la théorie des parallèles sans le secours d'un *postulatum*, ou d'une proposition que l'on demande d'admettre comme évidente.

Parmi les diverses propositions que l'on pourrait prendre pour *postulatum*, nous adopterons la suivante :

Une perpendiculaire et une oblique à la même droite, suffisamment prolongées, doivent se rencontrer.

65. *Deux parallèles ont les perpendiculaires communes.*

fig. 60.   Soit C D parallèle à A B ; je dis que E F, perpendiculaire à A B, sera aussi perpendiculaire à C D.

Car, si C D n'était pas perpendiculaire à E F, on aurait, sur cette droite E F, une perpendiculaire A B et une oblique C D, qui, suffisamment prolongées, devraient se rencontrer* : donc C D ne serait pas parallèle à A B, comme on le suppose.

* 64.

66. *Par un point* O *pris hors d'une droite* A B, *on peut toujours mener une parallèle* C D *à cette droite ; mais on n'en peut mener qu'une.*

Abaissons par le point O une perpendiculaire O G sur A B, et menons C D perpendiculaire à O G; cette ligne C D sera parallèle à A B*.

Si par le point O on pouvait mener une autre parallèle E F à A B, cette ligne E F devrait aussi être perpendiculaire à O G* : donc par un même point O on pourrait élever deux perpendiculaires O C, O E sur la même droite O G, ce que nous avons démontré impossible*.

67. *Deux droites* C D, E F, *parallèles à la même droite* A B, *sont parallèles entre elles.*

Car, si elles n'étaient pas parallèles, elles se rencontreraient en un certain point; et de ce point on pourrait mener deux parallèles à la même droite A B, ce que nous venons de démontrer impossible*.

68. Deux parallèles coupées par une sécante forment huit angles qui, comparés deux à deux (en en prenant un parmi les quatre que forme une des parallèles avec la sécante, et l'autre parmi les quatre que forme la seconde parallèle), ont reçu des dénominations avec lesquelles il est important de se familiariser.

Deux angles tels que 3 et 5, ou 4 et 6, qui sont situés de différents côtés de la sécante et entre les parallèles, ou qui *alternent* de position par rapport à la sécante, *intérieurement* aux parallèles, sont appelés, à cause de cela, angles *alternes internes*.

Deux angles tels que 1 et 7, ou 2 et 8, qui sont situés de différents côtés de la sécante et hors des parallèles, sont appelés angles *alternes externes*.

Deux angles tels que 1 et 5, ou 4 et 8, ou 2 et 6, ou 3 et 7, qui sont situés du même côté de la sécante, l'un entre les parallèles, l'autre en dehors, sont appelés angles *correspondants*.

fig. 61.

* 63.

* 65.

* 25.

fig. 62.

* 66.

fig. 63.

3

Deux angles tels que 4 et 5 , ou 3 et 6 , qui sont situés entre les parallèles et du même côté de la sécante , sont dits *internes*.

Enfin , on appelle *externes* deux angles , tels que 1 et 8 , ou 2 et 7 , qui sont hors des parallèles et du même côté de la sécante.

69. *Les angles alternes internes sont égaux*.

fig. 64. Par le point O , milieu de la sécante EF , menons une ligne K L perpendiculaire à A B , et par suite à sa

* 65. parallèle C D*. Les deux triangles rectangles O L F , E O K , ayant l'hypoténuse O E = O F par hypothèse , et les angles en O égaux , comme opposés par le

* 53. sommet , sont égaux* : donc les angles alternes internes aigus L F O , O E K sont égaux. Par suite , les angles alternes internes obtus E F D , F E A sont aussi égaux comme supplémentaires des précédents.

70. *Les angles alternes externes sont égaux*.

fig. 64. Par ex., G F D = A E H. En effet , G F D = C F E , comme opposés par le sommet , A E H = F E B par la même raison , et C F E = F E B comme alternes in-

* 69. ternes *.

71. *Les angles correspondants sont égaux*.

fig. 64. Par ex., C F G = A E F. Car C F G = E F D , comme opposés par le sommet , et A E F égale aussi E F D comme alternes internes.

72. *Les angles internes sont supplémentaires*.

fig. 64. Soit , par ex., A E F et C F E. A E F a pour supplément A E H , qui est égal à C F E comme correspondant.

73. *Les angles externes sont supplémentaires*.

fig. 64. Soit , par ex., G F D et H E B. G F D a pour sup-

plément EF D, qui est égal à HEB comme correspondant.

74. Réciproquement. *Si deux droites A B, C D, coupées par une sécante H G , forment avec cette sécante , ou des angles alternes internes égaux , ou des angles alternes externes égaux , ou des angles correspondants égaux , ou des angles internes supplémentaires , ou des angles externes supplémentaires , ces droites sont parallèles.*

Par ex., si les deux droites A B et C D sont coupées par la sécante H G , de manière que les angles correspondants H E D , E F B soient égaux ; je dis que C D est parallèle à A B.

fig. 65.

Car si C D n'était pas parallèle à A B, on pourrait, par le point E, mener une parallèle K L à A B*. Alors les deux angles H E L , E F B devraient être égaux *; mais l'on suppose H E D et E F B égaux : on aurait donc H E L = H E D, c'est-à-dire la partie égale au tout, ce qui est absurde.

* 60.
* 71.

La démonstration serait la même pour toute autre hypothèse.

75. *Deux parallèles A C , B D comprises entre deux autres parallèles A B, C D sont égales.*

Car en joignant C B , les deux triangles A C B, B C D ont le côté C B commun, les angles A B C , B C D égaux comme alternes internes, et les angles A C B , C B D égaux par la même raison. Donc A C = B D.

fig. 66.

N. B. Si les deux lignes A C , B D étaient perpendiculaires sur A B et par suite sur C D*, elles mesureraient la distance des deux parallèles ; donc : *deux parallèles sont partout également distantes.* Cela résulte d'ailleurs de l'égalité des triangles A C B , B C D qui sont alors rectangles.

* 65.

76. *Deux droites* EF, GH *perpendiculaires sur deux autres droites* AB, CD *qui ne sont pas parallèles, se rencontrent.*

fig. 67.

En effet, si les deux perpendiculaires EF, GH ne se rencontraient pas, elles seraient parallèles et formeraient, avec la sécante EG, deux angles internes

*72.

FEG, HGE valant en somme deux droits *, ce qui est impossible ; car chacun de ces angles est plus petit qu'un droit; savoir : FEG plus petit que l'angle droit FEB, et HGE plus petit que l'angle droit HGC.

77. *Par trois points* A, B, C *non en ligne droite, on peut toujours faire passer une circonférence ; mais on n'en peut faire passer qu'une.*

fig. 68.

Élevons des perpendiculaires par les milieux des lignes AB, BC qui joignent ces points deux à deux ; comme les trois points donnés ne sont pas en ligne droite, ces

*76.

perpendiculaires se rencontrent en un certain point O*.

Ce point O, appartenant à la perpendiculaire sur

*45.

le milieu de AB*, est à égale distance des points A et B ; il est aussi à égale distance de B et de C comme appartenant à la perpendiculaire sur le milieu

*45.

de BC* : donc le point O est à égale distance des trois points A, B, C, et par conséquent c'est le centre d'une circonférence qui passe par ces trois points.

Toute autre circonférence qui passerait par les trois mêmes points, ayant aussi AB et BC pour cordes ; son centre se trouverait à l'intersection des mêmes perpendiculaires : donc elle se confondrait avec la précédente.

78. *Trouver le centre d'un cercle ou d'un arc.*

Les perpendiculaires élevées sur les milieux de deux cordes, non parallèles, se couperont au centre.

79. *Deux angles qui ont les côtés respectivement parallèles sont égaux, s'ils ont leurs côtés dirigés tous les deux dans le même sens ou en sens contraire; et supplémentaires, s'ils ont deux côtés dirigés dans un sens et les deux autres en sens contraire.*

Soient les deux angles CAB, DEF qui ont leurs côtés parallèles et dirigés dans le même sens; chacun de ces angles est égal, comme correspondant*, au même angle DOB : donc ils sont égaux entre eux.

Les deux angles CAB, GEH, qui ont leurs côtés parallèles et dirigés en sens contraire, sont aussi égaux; car GEH est égal à DEF comme opposé par le sommet*, et DEF=CAB.

Soient les deux angles CAB, HED, qui ont les côtés AC, ED, dirigés dans le même sens, et les côtés AB, EH, dirigés en sens contraire; ces angles sont supplémentaires; car HED a pour supplément DEF, qui est égal à CAB.

80. *Deux angles qui ont leurs côtés respectivement perpendiculaires sont égaux ou supplémentaires.*

Soient l'angle CAB et les angles en E ayant leurs côtés perpendiculaires à ceux de l'angle CAB, savoir : DG perpendiculaire à AB, et FH perpendiculaire à AC.

Par le sommet A menons D'G' parallèle à DG et F'H' parallèle à AC, ces lignes seront respectivement perpendiculaires aux côtés de l'angle CAB*.

Cela posé, l'angle F'AD' est égal à CAB; car ces deux angles valent chacun un droit avec le même angle D'AC; mais l'angle F'AD' est aussi égal aux angles FED, GEH, comme ayant les côtés parallèles et

79. dirigés dans le même sens ou en sens contraire : donc ces angles FED, GEH sont égaux à l'angle CAB.

L'angle F'AG' a pour supplément F'AD' ou son égal CAB; mais l'angle F'AG' est égal aux angles FEG, DEH : donc les angles FEG, DEH sont supplémentaires de l'angle CAB.

81. *Par un point A pris hors d'une droite BC mener une parallèle à cette droite.*

Chacune des propriétés des parallèles donne une solution.

fig. 71. 1° Du point A abaissons une perpendiculaire AC sur BC, et par le point A élevons AD perpendiculaire sur AC. Les deux lignes AD, CB étant perpen-
63. diculaires sur la même droite AC, sont parallèles.

fig. 72. 2° Menons une sécante quelconque AD; du point D comme centre, décrivons un arc EF entre les côtés de l'angle ADC; du point A comme centre et d'un même rayon, décrivons un arc indéfini; prenons sur cet arc une partie HG égale à EF, et joignons AG; les deux lignes AG et BC formant avec la sécante AD
74. des angles correspondants HAG et ADC égaux, sont parallèles.

fig. 73. 3° D'un point B de la droite, avec BA pour rayon, décrivons un arc AC, et du point A, avec le même rayon, un arc indéfini; prenons sur cet arc une partie BD égale à AC, et joignons AD; les deux lignes AD, BC, formant avec la sécante AB des angles
74. alternes internes ABC, BAD égaux, sont parallèles.

fig. 71. 4° Abaissons du point A une perpendiculaire AC sur BC; élevons en tout autre point B de cette ligne une perpendiculaire B D égale à A C, et joignant A D, cette ligne sera parallèle à B C. En effet, si A D n'était pas parallèle à B C, soit A E la parallèle à B C menée par le point A ; on aurait C A=B E* ; mais par hypothèse C A=B D : donc B E serait égal à B D ou la partie égale au tout.

* 75.

Toutes ces constructions peuvent d'ailleurs s'effectuer sur le terrain en se servant d'un cordeau pour décrire les arcs qu'elles nécessitent ; ou, si la parallèle doit être menée à une certaine distance, en se servant soit de l'équerre d'arpenteur, soit d'un graphomètre.

82. On se sert aussi pour tracer, sur le papier, des parallèles ou des perpendiculaires, d'un instrument, ordinairement en bois, ayant la forme d'un triangle rectangle, et que l'on appelle *équerre de dessinateur*.

fig. 74.

Disposons cette équerre A B C de manière que l'un des côtés de l'angle droit C B soit superposé sur une droite D E ; l'autre côté A B aura une direction perpendiculaire à cette ligne. Si nous plaçons alors une règle F G contre le plus long côté de l'équerre, et si, conservant, d'une main, à cette règle une position fixe, nous faisons glisser l'équerre, avec l'autre main, le long de la règle dans toute autre position, K L M, par ex. ; le côté A B fera toujours évidemment le même angle avec la règle : donc il aura glissé parallèlement à lui-même* ; ainsi la ligne L M sera perpendiculaire sur D E.

fig. 75.

* 74.

On peut s'assurer de plusieurs manières de l'exactitude de l'équerre.

Par ex., après avoir tracé avec la règle et l'équerre la ligne A B et la perpendiculaire C D, on disposera

fig. 76.

la règle de manière qu'elle coïncide avec la ligne A B, et l'équerre dans la position F D H ; retournant alors l'instrument dans la position F D K, on vérifiera si, dans les deux cas, les angles C D B, C D A sont parfaitement recouverts par l'angle de l'équerre.

83. *Par un point A, pris sur une droite, élever, au moyen de l'équerre, une perpendiculaire à cette droite.*

fig. 77.

Disposant l'équerre de manière que l'un des côtés de l'angle droit coïncide avec la droite et recouvre le point A, dans la position D E F, par ex. ; et plaçant la règle contre le plus long côté ; on fera glisser l'instrument dans la position K G L, de manière que le côté E F passe par le point A, et l'on tracera alors la perpendiculaire A G.

84. *Par un point G, pris hors d'une droite, abaisser, au moyen de l'équerre, une perpendiculaire sur cette droite.*

fig. 77.

Disposant l'équerre au-dessous du point G, dans la position D E F, par ex., et plaçant la règle contre le plus long côté, on fera glisser l'instrument dans la position K G L, de manière que le côté E F passe par le point G, et l'on tracera alors la perpendiculaire G A.

85. *Par un point A pris hors d'une droite B C, mener, au moyen de l'équerre, une parallèle à cette droite.*

fig. 78.

Disposant l'équerre au-dessous du point A dans la position D E F, de manière que le plus long côté de l'instrument coïncide avec la ligne ; et plaçant la règle contre un des côtés D F de l'angle droit ; on fera glisser l'équerre jusqu'à ce que le plus long côté D E passe par le point A, et l'on tracera alors la parallèle A H.

§ 7. — DE LA TANGENTE AU CERCLE.

On appelle *tangente* au cercle une droite qui n'a qu'un point commun avec la circonférence de ce cercle.

86. *Une droite* B D, *perpendiculaire à l'extrémité d'un rayon* C A, *est tangente au cercle.*

En effet, joignant tout autre point E de la droite avec le centre, la ligne C E étant oblique par rapport au rayon perpendiculaire C A, est plus longue que ce rayon * : donc le point E est hors du cercle.

fig. 70.

* 42.

87. *Une droite* B D, *oblique à l'extrémité d'un rayon* C D, *est sécante au cercle.*

Du centre C abaissons une perpendiculaire C A sur la droite ; cette perpendiculaire est plus courte que le rayon C D, qui est oblique * : donc le point A est dans l'intérieur du cercle, et la droite est sécante.

fig. 80.

* 42.

88. *Une droite, tangente à un cercle, est perpendiculaire au rayon mené au point de contact.*

Car si elle était oblique à ce rayon, elle serait sécante*, et non pas tangente, comme on le suppose.

* 87.

Donc : *la perpendiculaire élevée sur la tangente, par le point de contact, passe par le centre.*

89. *Par un point de la circonférence on ne peut mener qu'une tangente au cercle.*

Car si on pouvait en mener deux, toutes les deux seraient perpendiculaires à l'extrémité du rayon mené au point de contact*, ce qui est impossible.

90. *Décrire un cercle qui touche une droite donnée* C D *en un point* B *et qui passe par un point extérieur* A.

* 88.

Puisque le cercle doit toucher la droite C D au point B, la perpendiculaire élevée sur C D par le point de

fig. 81.

88. contact B doit passer par le centre*. La perpendiculaire élevée par le milieu de la corde A B doit aussi
54. passer par le centre* : donc le centre est en O à
l'intersection des deux perpendiculaires. Ainsi le
cercle décrit du point O comme centre avec O A ou
O B pour rayon, satisfera aux conditions voulues.

91. *Par un point A de la circonférence mener une
tangente au cercle.*

fig. 79. On mènera le rayon C A et on élèvera une perpen-
80. diculaire B D à l'extrémité de ce rayon*.

92. *Par un point A, extérieur au cercle, mener
une tangente au cercle.*

fig. 82. Du point A comme centre, avec A O pour rayon,
décrivez un arc B O C, et du point O comme centre,
avec un rayon double de celui de la circonférence
donnée, décrivez un nouvel arc qui coupera le précédent en B et en C ; joignez O B et O C rencontrant
la circonférence en E et D, et les droites A E et A D
seront les tangentes demandées.

En effet, la droite A E joint le centre A d'une
circonférence avec le milieu d'une corde O B de cette
circonférence : donc A E est perpendiculaire sur cette
54. corde*, et par conséquent perpendiculaire à l'extrémité E du rayon O E du cercle donné ; donc A E est
86. tangente à ce cercle*. On le démontrerait de même
pour A D.

Ainsi, *par un point extérieur, on peut mener deux
tangentes à un cercle. Ces tangentes sont égales, et la
ligne qui joint leur point de concours avec le centre divise l'angle des tangentes en deux parties égales.* Cela
résulte de l'égalité des triangles rectangles O E A, O D A

qui ont l'hypoténuse O A commune , et les côtés OD, O E égaux comme rayons.

93. *Mener à un cercle une tangente parallèle à une droite donnée* E F.

Abaissant du centre la perpendiculaire CK sur la droite E F, elle coupera le cercle aux points de contact O, O'. Ainsi le problème a deux solutions. fig. 83.

94. *Mener à un cercle une tangente qui fasse un angle donné* A *avec une droite donnée* B D.

Traçant une droite qui forme avec B D un angle égal à l'angle donné A , le problème sera ramené à mener une tangente parallèle à cette droite ; et comme on peut mener deux droites E F, E L satisfaisant à cette condition , le problème a quatre solutions. fig. 83.

95. *Par un point* A *pris hors d'un cercle mener une sécante au cercle telle que la partie intérieure* B D *soit égale à une ligne donnée* M.

Prenant une corde E F égale à la ligne donnée M , et décrivant un cercle concentrique tangent à cette corde, les tangentes à ce cercle menées par le point A seront les sécantes demandées. En effet , les perpendiculaires C K, C H étant égales, les cordes E F et B D sont aussi égales*; mais E F=M, donc B D=M. fig. 84.

* 61.

96. *Décrire un cercle qui touche les deux côtés d'un angle* A , *et l'un d'eux en un point donné* B.

Le cercle, devant toucher les deux côtés de l'angle , aura son centre sur la bissectrice A D de l'angle*. Le cercle, devant toucher le côté A B au point B, aura son centre sur la perpendiculaire B O*. Le centre du cercle se trouvera donc en O, au point où la perpendiculaire rencontre la bissectrice. fig. 85.
* 58.

* 88.

97. *Décrire un cercle qui touche deux droites EG, FH dont on ne connaît pas le point de concours et l'une d'elles en un point B.*

fig. 86.

Menons une sécante quelconque BC. Divisons l'angle EBC et l'angle FCB chacun en deux parties égales ; le point A où se couperont les deux bissectrices sera à égale distance des deux droites* : donc il appartient à la bissectrice de leur angle. De même les bissectrices des angles GBC, HCB se couperont en un point D qui, étant également éloigné des deux droites, appartiendra aussi à la bissectrice de leur angle. Connaissant la bissectrice A D de l'angle des deux droites, le problème s'achèvera comme précédemment.

* 58.

98. *Décrire un cercle qui touche deux parallèles et passe par un point donné entre ces parallèles.*

Le centre se trouve sur la parallèle également distante des deux parallèles données, et son rayon est égal à la demi-distance de ces parallèles.

99. *Mener une tangente commune à deux cercles.*

En supposant le problème résolu, et imaginant par le centre du plus petit cercle une parallèle à la tangente commune, on verra facilement que cette parallèle est tangente à un cercle concentrique à l'autre, et décrit avec la somme ou avec la différence des rayons. Ainsi le problème se ramène à mener par un point extérieur des tangentes à des cercles concentriques*.

* 82.

On trouvera généralement quatre solutions.

On démontre facilement que *les tangentes, soit intérieures, soit extérieures, sont égales, et qu'elles se coupent sur la ligne des centres, qui est la bissectrice commune de leurs angles.*

100. *Mener une sécante à deux cercles, telle que les parties intérieures soient égales à deux lignes données.*

On décrira des cercles concentriques tangents à des cordes égales aux lignes données, et le problème sera ramené à trouver les tangentes communes à ces deux cercles.

§ 8. — CONTACT DES CERCLES.

101. *Deux cercles qui ont un point commun A sur la ligne des centres C, O, n'ont pas d'autre point commun.*

Car, s'ils avaient un autre point commun, il devrait se trouver ou sur la ligne des centres ou hors de cette ligne. fig. 87.

Si ce point était sur la ligne des centres en B, par ex., C B serait un rayon du cercle qui a son centre en C; mais C A étant un rayon du même cercle, on aurait la partie C B égale au tout C A, ce qui est absurde.

Si ce point était hors de la ligne des centres, en D, par ex., C D serait égal à C A, comme rayon d'un même cercle et O D serait égal à O A, par la même raison : donc la ligne brisée C D O serait égale à la ligne droite C O, ce qui est impossible.

102. *Deux cercles qui ont un point commun A hors de la ligne des centres O, C, ont un autre point commun A', symétrique du premier par rapport à cette ligne.*

Du point A abaissons A B perpendiculaire sur la fig. 88. ligne des centres, et prolongeons cette perpendiculaire d'une quantité B A'=B A; je dis que le point symétrique A' sera aussi commun aux deux cercles.

En effet, O A étant un rayon du cercle O, l'oblique égale OA' sera aussi un rayon du cercle O. C A étant un rayon du cercle C, l'oblique égale C A' sera aussi un rayon du cercle C : donc les deux cercles passeront aussi par le point A'. c. q. f. d.

N. B. *Les cercles n'auront pas d'autre point commun que les deux points* A , A'.

Car s'ils avaient un troisième point commun, en ligne droite avec A et A', par ex. en E, les deux obliques O E, O A situées du même côté de la perpendiculaire O B seraient égales, ce qui est impossible ; et s'ils avaient un troisième point commun qui ne fût pas en ligne droite avec A et A', par ex. en F, les deux cercles passeraient par les trois mêmes points, sans avoir même centre, ce que nous avons démontré impossible*.

* 77.

103. Lorsque deux cercles n'ont qu'un point commun, on dit qu'ils se *touchent extérieurement ou intérieurement* en ce point, suivant que les cercles sont extérieurs ou intérieurs l'un à l'autre.

Lorsque deux cercles ont deux points communs, on dit qu'ils se *coupent* en ces deux points.

104. Deux cercles tracés sur un même plan doivent ou se couper, ou se toucher extérieurement, ou se toucher intérieurement, ou être extérieurs l'un à l'autre, ou être intérieurs l'un à l'autre.

105. *Si deux cercles se coupent, la distance des centres est plus petite que la somme, et plus grande que la différence des rayons.*

fig. 89.
* 101.

En effet, puisque les deux cercles se coupent, ils n'ont pas de point commun sur la ligne des centres*. Soit A un des points d'intersection. Ce point n'étant pas en ligne droite avec les deux centres O et C, on aura $OC < OA + AC$, c'est-à-dire *la distance des centres plus petite que la somme des rayons*; et on aura aussi $OC + AC > OA$ ou $OC > OA - AC$, c'est-à-dire *la distance des centres plus grande que la différence des rayons.*

106. *Si deux cercles se touchent extérieurement, la distance des centres est égale à la somme des rayons.*

En effet, le point de contact A est sur la ligne des centres; car, s'il était en dehors, les cercles se couperaient*; de plus, le point de contact A est entre les deux centres, puisque les cercles sont extérieurs l'un à l'autre : donc *la distance CO des centres est égale à la somme* $CA + AO$ *des rayons.*

fig. 00.

* 102.

107. *Si deux cercles se touchent intérieurement, la distance des centres est égale à la différence des rayons.*

En effet, le point de contact est sur la ligne des centres*; et comme les cercles sont intérieurs, le point de contact A est sur le prolongement de la ligne des centres : donc *la distance CO des centres est égale à la différence* $CA - OA$ *des rayons.*

fig. 01.

* 102.

108. *Si deux cercles sont extérieurs l'un à l'autre, la distance des centres est plus grande que la somme des rayons.*

En effet, la distance des centres se compose de la somme des rayons $CA + BO$; et de BA, qui ne peut pas être nulle, car les deux cercles se toucheraient.

fig. 02.

109. *Si deux cercles sont intérieurs l'un à l'autre, la distance des centres est plus petite que la différence des rayons.*

En effet, la différence des rayons, $CA - OB$, se compose de CO, distance des centres; et de BA, qui ne peut pas être nulle, car les cercles se toucheraient.

fig. 93.

110. Les réciproques de ces cinq propositions sont vraies. Par ex. : *Si deux cercles sont tels que la distance des centres soit plus petite que la somme et plus grande que la différence des rayons, ces deux cercles se coupent.*

* 104. *Car, s'ils ne se coupaient pas, ils devraient* * :

Ou se toucher extérieurement; et alors la distance
* 106. des centres serait égale à la somme des rayons *, tandis qu'on la suppose plus petite ;

Ou se toucher intérieurement; et alors la distance
* 107. des centres serait égale à la différence des rayons *, tandis qu'on la suppose plus grande ;

Ou être extérieurs l'un à l'autre; et alors la distance des centres serait plus grande que la somme des
* 108. rayons *, tandis qu'on la suppose plus petite ;

Ou enfin *être intérieurs l'un à l'autre*; et la distance des centres serait plus petite que la différence des
* 109. rayons *, tandis qu'on la suppose plus grande.

Les autres réciproques se démontreraient de la même manière.

111. Nous ne pouvons donner ici que les problèmes les plus simples sur les contacts des cercles. Nous appellerons d'abord l'attention du lecteur sur les propositions suivantes qui en font trouver facilement la solution.

*Le lieu des points également distants d'un point donné est la circonférence décrite de ce point comme centre avec
* 10. la distance donnée pour rayon *.*

*Le lieu des points également distants de deux points donnés est la perpendiculaire élevée sur le milieu de la
* 45. droite qui joint ces deux points *.*

*Le lieu des points également distants d'une droite est l'ensemble de deux parallèles, menées de chaque côté de la droite, à la distance donnée *.*   × 75.

*Le lieu des points également distants de deux droites est la bissectrice de leur angle *; ou si elles sont parallèles, la parallèle équidistante.*   × 58.

On entend par distance d'un point à une circonférence la plus courte distance de ce point à la circonférence, et il est facile de voir que cette plus courte distance est celle dont le prolongement va passer par le centre.

Cela posé, *le lieu des points également distants d'une circonférence est l'ensemble de deux circonférences concentriques décrites avec le rayon de la circonférence donnée, augmenté et diminué de la distance donnée.*

112. *Décrire, avec un rayon donné* R, *un cercle qui passe par deux points donnés* A *et* B. .

Le centre se trouve à l'intersection de deux circonférences décrites des points A et B comme centres avec R pour rayon.

Le problème peut avoir deux solutions ou une seule, ou être impossible.

113. *Décrire, avec un rayon donné* R, *un cercle qui passe par un point* A, *et qui touche une droite.*

Le centre se trouve sur une circonférence décrite du point A avec R pour rayon, et sur une parallèle à la droite menée à la distance R, du côté de la droite où est situé le point.

Le problème peut avoir deux solutions ou une seule, ou être impossible.

4

114. *Décrire, avec un rayon donné* R, *un cercle qui passe par un point* A *et qui touche une circonférence donnée.*

Le centre se trouve sur une circonférence décrite du point A avec R pour rayon, et sur une des circonférences concentriques à la circonférence donnée et décrites avec la somme ou avec la différence du rayon R et de celui de la circonférence donnée.

Le problème peut avoir quatre solutions, ou trois, ou deux, ou une seule, ou être impossible.

115. *Décrire, avec un rayon donné* R, *un cercle qui touche deux droites.*

Le centre se trouve sur deux parallèles menées à chacune des deux droites à la distance R.

Si les droites se coupent, le problème a toujours 4 solutions.

Si elles sont parallèles et distantes de plus ou moins de 2 R, le problème est impossible ; si elles sont distantes de 2 R, le problème a une infinité de solutions.

116. *Décrire, avec un rayon donné* R, *un cercle qui touche une droite et une circonférence.*

Le centre se trouve sur les deux parallèles à la droite distantes de R et sur deux circonférences concentriques à la circonférence donnée, et décrites avec la somme et avec la différence du rayon de cette circonférence et du rayon donné R.

Le problème peut avoir 8 solutions. Il pourrait en avoir seulement 7, ou 6, ou 5, ou 4, ou 3, ou 2, ou une seule, ou être impossible.

117. *Décrire, avec un rayon donné* R, *un cercle qui en touche deux autres.*

Le centre se trouve sur les deux circonférences concentriques à chacun des cercles donnés et décrites avec la somme et avec la différence du rayon de chacun de ces cercles et du rayon donné.

Ce problème présente les mêmes particularités que le précédent.

118. *Décrire un cercle qui touche un cercle C en un point donné* A *et qui passe par un autre point donné* B.

En remplaçant le cercle donné par sa tangente en A, le problème se ramène à décrire un cercle qui touche une droite en un point donné, et qui passe par un autre point donné *.   fig. 94.

   * 90.

119. *Décrire un cercle qui touche à la fois une circonférence* C *et une droite, et la circonférence en un point* A.

En remplaçant la circonférence par sa tangente en A, le problème se ramène à décrire un cercle qui touche deux droites et l'une d'elles en un point donné *.   fig. 95.

   * 96. 97.

120. *Décrire un cercle qui touche à la fois une circonférence* C *et une droite; et la droite en un point donné* A.

La perpendiculaire élevée par le point A sur la droite passe par le centre du cercle demandé *.   fig. 96.

   * 88.

Ce centre est à une distance du centre C marquée par la somme des rayons, si le contact est extérieur *, ou par leur différence, si le contact est intérieur *; et, dans les deux cas, il est à une distance du point A marquée par le rayon du cercle demandé.   * 105.

   * 107.

Donc, *si le contact est extérieur*, en prolongeant la perpendiculaire en A d'une quantité AB égale au rayon du cercle donné, le point B et le centre C seront à égale distance du centre du cercle demandé.

Si le contact est intérieur, en prenant sur la perpendiculaire une longueur A B' égale au rayon du cercle donné, le point B' et le centre C seront à égale distance du centre du cercle demandé.

* 45. Par conséquent, les perpendiculaires élevées par les milieux de CB et de C B'* couperont la perpendiculaire élevée par le point A en O et O', centres des deux cercles qui satisfont aux conditions du problème.

121. *Décrire un cercle qui touche deux circonférences et l'une d'elles en un point donné.*

En remplaçant la circonférence dont on connaît le point de contact par sa tangente en ce point, le problème se ramène au précédent.

§ 9. — DES ANGLES CONSIDÉRÉS PAR RAPPORT AU CERCLE.

122. *Deux parallèles* A B, C D *interceptent sur une circonférence des arcs* A C, B D *égaux.*

fig. 97. 1° *Si les parallèles sont toutes les deux sécantes*; menons le diamètre E F perpendiculaire à l'une et par suite à l'autre; les arcs A E, B E, étant égaux ainsi * 54. que les arcs C E et D E*, leurs différences A C, B D sont égales.

fig. 08. 2° *Si l'une des parallèles est tangente et l'autre sécante*; menons le diamètre E F au point de contact; ce * 88. diamètre sera perpendiculaire sur la tangente C D* et * 05. par suite sur la corde parallèle A B * : donc les arcs A E et E B sont égaux.

fig. 99. 3° *Si les parallèles sont toutes les deux tangentes*; menons une sécante parallèle G H, les arcs E G et E H seront égaux, ainsi que les arcs G F et H F : donc leurs sommes E G F, E H F sont égales.

123. *Un angle dont le sommet est sur la circonférence a pour mesure la moitié de l'arc compris entre ses côtés.*

Supposons d'abord *l'angle formé par une corde* AB *et un diamètre* AC. Menons un autre diamètre ED parallèle à la corde. L'angle BAC est égal à l'angle EOC, comme correspondant*. Or, l'angle EOC, ayant son sommet au centre, a pour mesure l'arc EC compris entre ses côtés* : donc l'angle BAC aura aussi pour mesure l'arc EC. A cause de l'égalité des angles EOC, AOD, opposés par le sommet, l'arc EC est égal à l'arc AD*; mais AD est aussi égal à BE comme arcs compris entre les mêmes parallèles* : donc EC$=$BE$=\frac{1}{2}$BC. Par conséquent, l'angle BAC a pour mesure la moitié de l'arc BC compris entre ses côtés.

Supposons *l'angle formé par deux cordes*, et menons un diamètre AD par le sommet.

Si le centre est intérieur, l'angle BAC est la somme de deux angles BAD, DAC qui, étant formés chacun par un diamètre et une corde, ont pour mesure, le premier, $\frac{1}{2}$ arc BD; le second, $\frac{1}{2}$ arc DC. Par conséquent, la mesure de l'angle BAC est $\frac{1}{2}$ arc BD$+\frac{1}{2}$ arc DC ou $\frac{1}{2}$ de l'arc BC, compris entre ses côtés.

Si le centre est extérieur, l'angle BAC est la différence des deux angles BAD et CAD, dont le premier a pour mesure $\frac{1}{2}$ arc BD et le second $\frac{1}{2}$ arc CD : donc la mesure de l'angle BAC est $\frac{1}{2}$ arc BD$-\frac{1}{2}$ arc CD ou $\frac{1}{2}$ de l'arc BC, compris entre ses côtés.

Supposons enfin *l'angle formé par une tangente* AB *et par une corde* AC; menons le diamètre AD, l'angle BAD étant droit*, a pour mesure $\frac{1}{4}$ de circonférence ou $\frac{1}{2}$ arc ACD; l'angle DAC a pour mesure $\frac{1}{2}$ arc DC,

fig. 100

* 71.

* 29.

* 20.

* 122.

fig. 101.

fig. 102.

* 88.

comme nous venons de le démontrer : donc l'angle BAC égal à BAD—DAC, a pour mesure $\frac{1}{2}$ arc ACD —$\frac{1}{2}$ arc CD ou $\frac{1}{2}$ de l'arc AC, compris entre ses côtés.

De même l'angle CAE égal à CAD+DAE a pour mesure $\frac{1}{2}$ arc CD+$\frac{1}{2}$ arc AD ou $\frac{1}{2}$ arc CDA.

Conséquences. Tous les angles inscrits dans un même segment de cercle, sont égaux.

Tous les angles inscrits dans une demi-circonférence sont droits.

124. *Un angle BAC dont le sommet est hors de la circonférence, a pour mesure la demi-différence des arcs BC et DE, compris entre ses côtés.*

fig. 103. Menons EF parallèle à AB. L'angle BAC égal à l'angle FEC, comme correspondant, a la même mesure, savoir $\frac{1}{2}$ FC*. Mais FC=BC—BF et BF=DE : donc

* 123.

$\frac{1}{2}$FC=$\frac{1}{2}$BC—$\frac{1}{2}$DE, d'où résulte la proposition énoncée.

125. *Un angle BAC dont le sommet est dans l'intérieur de la circonférence, a pour mesure la demi-somme des arcs BC et DE compris entre ses côtés et ses côtés prolongés.*

fig. 104. Menons EF parallèle à AC. L'angle BAC égal à l'angle BEF, comme correspondant, a la même mesure, savoir $\frac{1}{2}$BF*. Mais BF=BC+CF=BC+

* 123.

DE : donc $\frac{1}{2}$BF=$\frac{1}{2}$BC+$\frac{1}{2}$DE, d'où résulte la proposition énoncée.

126. *Décrire sur une droite donnée AB un segment de cercle capable d'un angle donné K, c'est-à-dire un segment de cercle tel que tous les angles inscrits dans ce segment soient égaux à l'angle donné K.*

fig. 105. Menons la droite AC formant avec AB un angle CAB égal à l'angle donné K, et décrivons un cercle

qui touche cette droite en A et passe par le point B*; * 113.
le segment AMB sera le segment demandé.

En effet, tout angle inscrit dans ce segment a pour
mesure $\frac{1}{2}$ arc AB*. Or, l'angle donné K, ou son égal * 123.
CAB, a aussi la même mesure, comme formé par
une tangente et une corde*. * 123.

N. B. Un angle inscrit dans le segment inférieur
AB serait supplémentaire de l'angle K.

Le segment capable d'un angle aigu est plus grand,
et le segment capable d'un angle obtus plus petit que
la demi-circonférence.

Le segment capable d'un angle droit est la demi-
circonférence.

127. *Élever une perpendiculaire à l'extrémité A
d'une droite, sans la prolonger.*

D'un point O extérieur, avec OA pour rayon, fig. 106.
décrivez une circonférence qui coupe la droite en B;
par le point B, menez le diamètre BD et joignez DA,
l'angle DAB sera droit comme inscrit dans une demi-
circonférence*. * 123.

128. *Par un point A extérieur à un cercle O, mener
une tangente à ce cercle*.* * 92.

Sur AO comme diamètre décrivons une circon- fig. 107.
férence; elle coupera le cercle donné en deux points
B et C qui seront les points de contact. En effet, les
angles OBA, OCA, inscrits chacun dans une demi-
circonférence, sont droits* : donc les lignes AB et * 123.
AC étant perpendiculaires chacune à l'extrémité d'un
rayon sont tangentes au cercle*. * 86.

§ 10. — DES TRIANGLES.

fig. 108. 129. On appelle *polygone* une portion de plan circonscrite par des droites. Ces droites sont dites les *côtés* du polygone, et leur ensemble forme le contour ou le *périmètre* du polygone.

Le plus simple de tous les polygones est celui de trois côtés ou le *triangle*.

On appelle *quadrilatère* le polygone de quatre côtés; *pentagone* celui de cinq; *hexagone* celui de six; *octogone* celui de huit; *décagone* celui de dix; *dodécagone* celui de douze; *pentédécagone* celui de quinze. Les autres polygones se désignent par le nombre des côtés.

Nous allons étudier séparément les diverses propriétés des triangles et des quadrilatères, parce que ces polygones sont ceux que l'on considère le plus souvent.

130. *Les trois angles d'un triangle valent en somme deux angles droits.*

Prolongeons un des côtés A B du triangle suivant B D, et par le point B menons B E parallèle au côté opposé A C.

Les trois angles formés autour du point B d'un même côté de la ligne A D valent en somme deux
33. droits* : or, ces angles sont ceux du triangle; car l'angle A B C appartient au triangle; l'angle C B E est égal à l'angle A C B du triangle, comme alternes in-
69. ternes*; et l'angle E B D est égal à l'autre angle C A B
71. du triangle, comme correspondant* : donc, etc.

Conséquences. *Un triangle ne peut avoir qu'un angle droit, et à plus forte raison qu'un angle obtus.*

Les deux angles aigus d'un triangle rectangle valent en somme un angle droit.

131. *Connaissant deux angles d'un triangle, trouver le troisième angle.*

Le troisième angle du triangle est le supplément de la somme des deux autres.

Si on donne la mesure des deux angles, par ex., si le premier est de 53°—18'—26", et le second de 63°—48'—31"; faisant la somme de ces deux angles, ce qui donne 117°—6'—57", et retranchant de 180°, on a 62°—53'—3" pour le troisième angle.

On appelle angle *extérieur* d'un triangle, l'angle CBD formé par un côté CB, avec le prolongement BD d'un autre côté AB.　　　fig. 109.

132. *L'angle extérieur* CBD *d'un triangle est égal à la somme des angles intérieurs opposés* A *et* C.

En effet, menant par le point B, la parallèle BE au côté AC, on voit que l'angle extérieur CBD se compose de deux angles, dont l'un, CBE, égal à l'angle C comme alterne interne ; et l'autre, EBD, égal à l'angle A comme correspondant.　　fig. 109.

133. *Dans un triangle, l'égalité des angles entraîne l'égalité des côtés et réciproquement.*

Circonscrivons un cercle au triangle, ce qui est toujours possible.*　　fig. 110.
　　* 77.

Si les trois angles du triangle sont égaux, les trois arcs AB, BC, AC, dont les moitiés mesurent ces trois angles *, seront aussi égaux : donc les cordes de ces arcs AB, BC, AC seront égales *, et ces cordes sont les trois côtés du triangle : donc *les trois côtés du triangle sont égaux.*
　　* 123.
　　* 13.

Réciproquement. *Si les trois côtés du triangle sont égaux*, les trois arcs qu'ils sous-tendent A B, B C, C A,
* 15. seront égaux*; mais les moitiés de ces arcs mesurent
* 123. les angles du triangle* : donc *les angles du triangle sont égaux*.

Si deux angles A *et* C *du triangle sont égaux*, les arcs B C, A B dont les moitiés mesurent ces angles
* 123. seront égaux*; mais les cordes de ces arcs sont les côtés du triangle opposés aux angles égaux : donc *les côtés opposés à ces angles sont égaux*.

Réciproquement. *Si deux côtés* A B *et* B C *sont égaux*, les arcs qu'ils sous-tendent, et par suite *les angles* C *et* A *opposés* aux côtés égaux *sont égaux*.

134. *Dans un triangle au plus grand angle* A *est opposé le plus grand côté* B C *et réciproquement.*

fig. 110. Car le plus grand angle A doit avoir la plus grande mesure : donc l'arc opposé B C est le plus grand des
* 123. trois arcs*, par suite sa corde B C est le plus grand
* 14. des trois côtés du triangle *.

Réciproquement : si le côté B C est le plus grand côté du triangle, l'arc B C sera le plus grand des trois
* 123. arcs*, et par suite l'angle opposé sera le plus grand
* 16. angle du triangle*.

N. B. Du cercle circonscrit au triangle on aurait pu aussi conclure que *la somme des trois angles du triangle est égale à deux droits*, car chacun de ces angles a pour mesure $\frac{1}{2}$ de l'arc compris entre ses côtés, et les trois arcs font en somme la circonférence.

On voit aussi que *l'angle extérieur* C B D *est égal à la somme des angles intérieurs opposés* A *et* C; car l'angle C B D étant supplémentaire de l'angle B du triangle, a pour mesure $\frac{1}{2}$ BC $+\frac{1}{2}$ BA. Or, $\frac{1}{2}$ BC est la mesure de l'angle A, et $\frac{1}{2}$ BA est la mesure de l'angle C.

135. Un triangle qui a ses trois côtés et par suite ses trois angles égaux *, est dit *équilatéral*.   * 133.

Un triangle qui a deux côtés et par suite les deux angles opposés égaux *, est dit *isoscèle*. Le côté inégal est la *base* du triangle isoscèle.   * 133.

Un triangle qui a ses trois côtés et par suite ses trois angles inégaux *, est dit *scalène*.   * 134.

136. *Dans un triangle isoscèle* ACB, *la ligne* CD *qui joint le sommet* C *avec le milieu de la base* AB *est perpendiculaire sur cette base et divise l'angle du sommet en deux parties égales.*

En effet, les deux triangles ADC, CDB ont les trois côtés égaux * : donc les angles ADC, CDB sont égaux et par conséquent droits* ; ainsi CD est perpendiculaire sur AB ; de plus, les angles ACD, DCB étant égaux, CD est bissectrice de l'angle en C.   fig. 111.   * 40.   * 24.

137. *Si deux triangles* ACB, DEF *ont deux côtés égaux* AC=ED, CB=EF *et l'angle compris inégal, au plus grand angle* E *est opposé le plus grand côté* DF.

Menons par le point E une ligne EG formant extérieurement avec le côté EF un angle FEG égal à l'angle C, et prenons EG=AC. Les deux triangles ACB, FEG étant égaux *, on a GF=AB. Il reste donc à démontrer que GF est plus petit que DF. Pour cela, traçons la bissectrice EH de l'angle total DEG, qui sera située dans l'intérieur du plus grand angle DEF, et joignons HG. Les deux triangles DEH, HEG sont égaux * ; par suite DH=HG. Mais on a   fig. 112.   * 38.   * 38.

GF$<$HG$+$HF; et à cause de DH$=$HG, GF$<$DH $+$HF; ou enfin GF$<$DF, c. q. f. d.

138. Réciproquement. *Si deux triangles* ACB, DEF *ont deux côtés égaux,* AC$=$ED *et* CB$=$EF, *mais le troisième côté* DF *du second, plus grand que le troisième côté* AB *du premier; au plus grand côté* DF *sera opposé le plus grand angle.*

fig. 112.   Car si l'angle DEF était égal à l'angle ACB, comme ces angles sont compris de part et d'autre entre des côtés égaux, les deux triangles seraient égaux; et on aurait DF$=$AB, ce qui est contraire à l'hypothèse.

Si l'angle DEF était plus petit que l'angle ACB, comme ces angles sont compris de part et d'autre entre des côtés égaux, on aurait, d'après la proposition précédente, DF$<$AB, ce qui est également contraire à l'hypothèse : donc l'angle DEF, ne pouvant être égal à l'angle ACB, ni plus petit que cet angle, doit être plus grand.

N. B. De la proposition qui précède résulte cette nouvelle démonstration du troisième cas d'égalité des triangles, qui est celle que l'on donne ordinairement.

Deux triangles sont égaux lorsqu'ils ont les trois côtés égaux chacun à chacun.

Car si les angles de ces triangles étaient inégaux, comme ces angles sont compris de part et d'autre entre des côtés égaux, les côtés opposés à ces angles, dans les deux triangles, seraient aussi inégaux, ce qui est contraire à l'hypothèse.

139. *Les perpendiculaires élevées par les milieux des trois côtés d'un triangle* DEF, *concourent au même point.*

En effet, deux de ces perpendiculaires élevées par les milieux C, A des côtés E F, E D se coupent *

Le point d'intersection O étant sur la perpendiculaire C O, O E=O F * ; mais le point O étant aussi sur la perpendiculaire A O, O E=O D : donc O F=O D, et par suite le point O est situé sur la perpendiculaire élevée par le milieu B du troisième côté D F.

140. *Les perpendiculaires abaissées des trois sommets d'un triangle A B C sur les côtés opposés, ou les trois hauteurs d'un triangle, concourent au même point.*

Par chacun des sommets du triangle menons une parallèle au côté opposé. Nous formerons ainsi un nouveau triangle D E F tel que les milieux de ses côtés seront les sommets A B C du premier. En effet, A B =E C=C F comme parallèles comprises entre parallèles. De même A C=B F=B D, et B C=E A=A D : donc les trois hauteurs du triangle A B C sont les perpendiculaires élevées par les milieux des trois côtés du triangle D E F ; par conséquent ces trois hauteurs concourent au même point *.

141. *Les bissectrices des trois angles d'un triangle A B C concourent au même point.*

Deux de ces bissectrices, celles des angles A et B, par ex., formant avec le côté A B deux angles dont la somme est moindre que deux droits, doivent se couper ; car si elles étaient parallèles, la somme des angles qu'elles font avec le côté A B serait égale à deux droits *.

Le point d'intersection O étant sur la bissectrice A O, est également distant des côtés A B et A C * ; mais comme ce point est aussi sur la bissectrice B O,

fig. 113.

* 76.

* 45.

fig. 113.

* 139.

fig. 114.

* 72.

* 58.

62

il est également distant des côtés A·B et BC : donc il est également distant des côtés AC et BC, et par suite le point O est sur la bissectrice du troisième angle C.

142. *Les lignes qui joignent les sommets d'un triangle* A B C *avec les milieux des côtés opposés, ou les médianes d'un triangle, concourent au même point.*

Deux de ces médianes A D , B E se coupent évidemment.

Soit G le point d'intersection. Prolongeons la médiane A D d'une quantité D F = D G et joignons CF. Les deux triangles B G D et C D F étant égaux *, l'angle D B G égale l'angle D C F : donc CF est parallèle à B E *, et de plus C F = B G. De même, à cause de l'égalité des triangles C E K , A G E , on a C K parallèle à A D , et de plus C K = A G. Or, C K = G F comme parallèles comprises entre parallèles : donc A G = G F = 2 G D ; de même B G = G K = 2 G E. Par conséquent , les deux médianes A D , B E se coupent mutuellement au tiers de leur longueur à partir des côtés qu'elles rencontrent : donc la troisième médiane doit aussi couper chacune des deux autres au tiers de la longueur , et par conséquent ces trois lignes concourent au même point , situé sur chacune au tiers de la longueur à partir du côté , ou aux deux tiers à partir du sommet.

143. *Connaissant deux côtés* A *et* B *d'un triangle et l'angle compris* C, *construire le triangle.*

Tracez un angle égal à l'angle donné ; sur un des côtés , prenez une longueur C E égale au côté donné B ; sur l'autre côté une longueur C D égale au côté donné A, et joignez DE; le triangle CED sera le triangle demandé.

On voit que le triangle est toujours possible.

144. *Connaissant un côté* A *et deux angles* B *et* C *d'un triangle, construire le triangle.*

Si les deux angles comprennent le côté donné, prenez DE égale à A : par le point D menez une droite DF faisant avec DE un angle EDF égal à l'angle donné B, et par le point E une droite EF faisant avec DE un angle FED égal à l'angle donné C. Ces deux droites se couperont en F, et DFE sera le triangle demandé. fig. 117.

Si les deux angles ne comprennent pas le côté donné, si l'angle B, par ex., est seul adjacent, cherchez le troisième angle K du triangle, et le problème sera ramené à construire, comme nous venons de l'indiquer, un triangle dont on connaîtra un côté A et les deux angles B et K qui le comprennent.

N. B. Pour que le triangle soit possible, les deux angles donnés doivent valoir en somme moins de deux angles droits.

145. *Connaissant les trois côtés* A, B, C, *d'un triangle, construire le triangle.*

Prenez une ligne DE égale à un des côtés A; du point D comme centre, avec un rayon égal à B, décrivez un arc; du point E comme centre, avec un rayon égal à C, décrivez un second arc qui coupera le précédent en F, et DEF sera le triangle demandé. fig. 118.

N. B. Pour que le triangle soit possible, un côté quelconque doit être plus petit que la somme des deux autres, et plus grand que leur différence; car si ces conditions n'étaient pas remplies, les arcs ne se couperaient pas*.

* 105.

146. *Connaissant deux côtés* A *et* B *d'un triangle et l'angle* C *opposé à l'un d'eux, au côté* A, *par ex., construire le triangle.*

fig. 119.

Tracez un angle égal à l'angle donné C ; prenez sur un des côtés une longueur CE égale au côté adjacent B, et du point E comme centre avec un rayon égal au côté opposé A, décrivez un arc qui pourra couper l'autre côté de l'angle en deux points F et G, et donner deux triangles CFE, CGE qui satisferont, tous les deux, à la question.

L'angle donné étant aigu, si le côté opposé A est plus petit que le côté adjacent B, mais plus grand que la perpendiculaire EL, le problème a deux solutions.

Si le côté opposé A est égal à la perpendiculaire EL, le problème n'a qu'une solution. Alors le triangle est rectangle.

Enfin si le côté opposé A est moindre que la perpendiculaire EL, le problème est impossible.

L'angle donné étant obtus ; le côté opposé doit être le plus grand des deux côtés donnés ; cette condition étant remplie, le problème est toujours possible et n'a qu'une solution.

147. *Construire un triangle rectangle connaissant l'hypoténuse* A *et un côté de l'angle droit* B.

fig. 120.

Sur un des côtés d'un angle droit prenez une longueur CE égale au côté B, et du point E comme centre, avec A pour rayon, décrivez un arc qui coupe l'autre côté en F ; et joignant EF, vous aurez le triangle demandé.

148. *Construire un triangle rectangle connaissant l'hypoténuse A et un angle aigu B.*

Sur un des côtés d'un angle égal à l'angle donné, prenez une longueur BC égale à l'hypoténuse A, et abaissant du point C sur l'autre côté une perpendiculaire CD, vous aurez le triangle demandé.

fig. 121.

149. *Construire un triangle isoscèle connaissant la base B et l'angle du sommet A.*

Prenant le supplément de l'angle du sommet et le divisant en deux parties égales, on aura les angles à la base, et par suite le triangle sera facile à construire*. * 144.
Ou bien : sur une ligne CD égale à la base B, décrivez fig. 122.
un segment de cercle capable de l'angle donné A*; la * 120.
perpendiculaire FE, élevée par le milieu de la base, donnera en E, sur le segment de cercle, le sommet du triangle demandé.

150. *Construire un triangle connaissant un côté A, l'angle opposé B et la somme C des deux autres côtés.*

Supposons le problème résolu et soit DHE le tri- fig. 123.
angle demandé. Si l'on prolonge EH d'une longueur HM=HD, et si l'on joint MD, le triangle MHD sera isoscèle; par conséquent l'angle intérieur M est la moitié de l'angle extérieur H, ou de son égal B, qui est donné : donc le point M est sur un segment de cercle capable d'un angle moitié de l'angle donné, et sur un arc décrit, du point E comme centre, avec la somme C des deux côtés pour rayon. De là résulte cette construction.

Sur une ligne DE égale au côté donné A, décrivez deux segments de cercle, l'un capable de l'angle donné B, l'autre capable de l'angle $\frac{1}{2}$ B. Du point E comme centre avec un rayon égal à C, décrivez un arc qui

5

pourra couper le segment de cercle capable de l'angle $\frac{1}{2}$ B en deux points M et N : les lignes ME et EN détermineront les sommets H et K des deux triangles DHE, DKE qui satisferont à la question.

Le lecteur pourra s'exercer à la discussion de ce problème et à la recherche des suivants.

Construire un triangle connaissant un côté, l'angle opposé et la différence des deux autres côtés.

Construire un triangle connaissant un angle, un des côtés adjacents et la somme ou la différence des deux autres côtés.

Construire un triangle connaissant un côté, l'angle opposé et la perpendiculaire abaissée du sommet de l'angle sur ce côté.

§ 11. — DES QUADRILATÈRES.

151. *Dans tout quadrilatère, la somme des angles est égale à quatre angles droits.*

fig. 124.

En effet, la somme des angles d'un quadrilatère ABCD se compose de la somme des angles du triangle ABD, et de celle des angles du triangle BCD; et la somme des angles de chaque triangle est égale à deux angles droits *.

* 130.

152. *Dans tout quadrilatère inscrit, les angles opposés sont supplémentaires.*

fig. 125.

En effet, l'angle A et l'angle D, par ex., ont en somme pour mesure $\frac{1}{2}$ de l'arc BDC $+\frac{1}{2}$ de l'arc CAB, ou $\frac{1}{2}$ de la circonférence * : donc ils valent deux droits.

* 123.

N. B. *L'angle d'une diagonale avec un côté est égal à l'angle de l'autre diagonale avec le côté opposé.*

En effet, l'angle ABC et l'angle ADC ont chacun pour mesure $\frac{1}{2}$ de l'arc AC.

De même, l'angle CBD et l'angle CAD ont chacun pour mesure $\frac{1}{2}$ de l'arc CD.

153. Réciproquement. *Si les angles opposés d'un quadrilatère sont supplémentaires*, la circonférence qui passe par trois des sommets B, A, C passe par le quatrième D, et *le quadrilatère est inscriptible*.

Car, décrivant la circonférence qui passe par les trois points B, A, C, l'angle A aura pour mesure $\frac{1}{2}$ arc BEC^{*} : donc l'angle D qui en est le supplément doit avoir pour mesure $\frac{1}{2}$ arc CAB, ce qui ne peut être que si le sommet D est sur la circonférence.

fig. 125.

* 123.

154. *Dans tout quadrilatère circonscrit, la somme de deux côtés opposés est égale à celle des deux autres.*

On a $AE=AH$ comme tangentes issues d'un même point. De même $BE=BF$; $GC=CF$ et $GD=DH$. Ajoutant ces égalités, il en résulte la proposition énoncée.

fig. 126.

155. Réciproquement. *Un quadrilatère est circonscriptible lorsque la somme de deux côtés opposés est égale à celle des deux autres.*

En effet, si la circonférence tangente à trois des côtés AD, DC, CB ne l'était pas au quatrième côté AB, en menant par le point A la tangente AE le quadrilatère circonscrit $ADCE$ donnerait[*]

fig. 127.

* 154.

$$AE+DC=AD+CE ;$$
mais on suppose $AB+DC=AD+CB$: donc on aurait $AB-AE=CB-CE=EB$, ce qui est impossible.

156. On appelle *trapèze*, un quadrilatère qui a deux côtés parallèles ; ces côtés parallèles sont dits les *bases* du trapèze.

fig. 128.

Lorsque les deux côtés non parallèles d'un trapèze sont égaux, le trapèze est dit trapèze *isoscèle*.

On appelle trapèze *rectangle*, un trapèze dans lequel un des côtés non parallèles est perpendiculaire aux côtés parallèles, ou aux bases.

157. *Dans un trapèze isoscèle* ABCD, *les angles opposés sont supplémentaires, par conséquent le trapèze isoscèle est inscriptible.*

fig. 129.

* 75.

En effet, menons les perpendiculaires égales DF, CE*, les deux triangles rectangles ADF, CEB, ayant l'hypoténuse égale et un côté égal, sont égaux : donc les angles A et B du trapèze sont égaux. Les deux angles internes A et ADC sont supplémentaires. L'angle A étant égal à l'angle B ; l'angle B et l'angle ADC sont donc supplémentaires : par conséquent le

* 153.

trapèze est inscriptible*.

158. *Le trapèze isoscèle est le seul trapèze inscriptible.*

Car, si une circonférence peut passer par les quatre sommets d'un trapèze, les deux côtés parallèles inter-

* 122.

cepteront sur cette circonférence des arcs égaux* :

* 13.

donc les cordes de ces arcs sont égales*, et ces cordes sont les côtés non parallèles du trapèze : donc le trapèze est isoscèle.

159. On appelle *parallélogramme* un quadrilatère qui a ses côtés parallèles deux à deux.

Le *losange* est un parallélogramme qui a ses quatre côtés égaux.

Le *rectangle* est un parallélogramme qui a ses angles égaux et par conséquent droits.

Le *carré* est un parallélogramme qui a ses côtés égaux et ses angles droits.

160. *Dans tout parallélogramme, les côtés opposés sont égaux ainsi que les angles opposés.*

En effet, joignant AC, les deux triangles ADC, ABC sont égaux comme ayant le côté AC commun, l'angle DCA égal à l'angle CAB comme alternes internes, et l'angle DAC égal à l'angle ACB par la même raison* : donc DC=AB, et AD=BC.

fig. 130.

* 69.

De l'égalité des triangles, il résulte aussi que l'angle B égale l'angle D, et que l'angle DAB égale l'angle DCB, car ces angles sont composés chacun de deux angles respectivement égaux.

161. Réciproquement. *Si les côtés opposés d'un quadrilatère sont égaux, en sorte qu'on ait AB=DC et AD=BC, le quadrilatère est un parallélogramme.*

En effet, en joignant AC, les deux triangles ADC, ABC étant égaux, comme ayant les trois côtés égaux, les angles DAC et ACB sont égaux, et par suite les côtés AD et BC sont parallèles* ; de même les angles ACD et CAB sont égaux, et par suite les côtés DC et AB sont aussi parallèles : donc le quadrilatère est un parallélogramme.

fig. 130.

* 74.

162. *Si les angles opposés d'un quadrilatère sont égaux, la figure est un parallélogramme.*

En effet, les quatre angles du quadrilatère valent quatre droits*. Or, l'angle A étant égal à l'angle opposé C, et l'angle B à l'angle opposé D*, il en résulte que les deux angles A et B valent en somme deux droits : donc les côtés AD, BC sont parallèles.*

fig. 130.

* 151.

* 160.

* 74.

De même les deux angles A et D valent en somme deux droits : donc les côtés AB, DC sont aussi parallèles, et le quadrilatère est un parallélogramme.

163. *Si deux côtés opposés* A B , C D *d'un quadrilatère sont égaux et parallèles, la figure est un parallélogramme.*

fig. 130. En effet, joignant A C, à cause de l'égalité des triangles A C B, A C D*, les angles A C B, C A D étant
* 38. égaux, il en résulte que les deux autres côtés A D,
* 74. B C* sont aussi parallèles : donc la figure est un parallélogramme.

164. *Dans tout parallélogramme, les diagonales* A C, D B *se coupent mutuellement en deux parties égales.*

fig. 131. En effet, les deux triangles D O C et A O B ont le
* 160. côté D C=A B* ; l'angle O D C=O B A comme alternes internes, et l'angle O C D=O A B par la même raison : donc A O==O C et B O==O D.

Toute droite E F *menée par le point* O *de concours des deux diagonales, a aussi son milieu en ce point.*

En effet, les deux triangles D O F, O E B sont égaux ; car D O=O B, comme moitiés d'une même diagonale ; les angles en O sont égaux comme opposés par le sommet, et l'angle O D F=O B E comme alternes internes : donc O F=O E.

165. *Dans le losange et dans le carré, les diagonales se coupent mutuellement en deux parties égales et à angles droits.*

fig. 132. Car les quatre côtés du parallélogramme étant
fig. 133. égaux ; à cause de C D=C B, le point C est à égale distance des extrémités de la diagonale D B, et à cause de A D=A B il en est de même du point A : donc C A
* 45. est perpendiculaire sur le milieu de D B*, et l'on verrait de même que D B est perpendiculaire sur le milieu de C A.

166. Réciproquement. *Si les deux diagonales d'un quadrilatère se coupent mutuellement en deux parties égales, de manière que DO=OB et AO=OC, le quadrilatère est un parallélogramme.*

Car les deux triangles DOC et AOB ont : DO= OB et AO=OC par hypothèse, et les angles en O égaux : donc le côté DC égale le côté AB; de plus, ces côtés sont parallèles* à cause de l'égalité des angles DCO, OAB : donc le quadrilatère ayant deux côtés opposés égaux et parallèles, est un parallélogramme*.

fig. 131.

* 74.

* 163.

167. *Dans tout parallélogramme, la diagonale AC opposée au plus grand angle ADC est la plus grande.*

En effet, les deux triangles ADC, ADB ont le côté AD commun, le côté DC égal au côté AB* : mais l'angle ADC est plus grand que l'angle DAB : donc la diagonale AC, opposée au premier angle, est plus grande que la diagonale DB opposée au second*.

fig. 131.

* 160.

* 137.

N. B. Pour que les diagonales fussent égales, il faudrait que le parallélogramme eût les angles égaux et par conséquent droits. Ainsi : *le rectangle et le carré ont les diagonales égales.*

168. *Le rectangle et le carré sont les seuls parallélogrammes inscriptibles.*

Car, pour qu'un quadrilatère soit inscriptible, il faut que les angles opposés soient supplémentaires* : or, dans tout parallélogramme, les angles opposés sont égaux* ; pour que ces angles soient supplémentaires, il faut donc qu'ils soient droits, c'est-à-dire que le parallélogramme soit un rectangle ou un carré.

* 153.

* 160.

169. *Connaissant deux côtés adjacents A et B d'un*

parallélogramme et l'angle compris C, construire le parallélogramme.

fig. 134.   Après avoir tracé un angle F D E égal à l'angle donné C, prenez, sur un des côtés, D F égal à B, et sur l'autre, D E égal à A. Le parallélogramme pourra ensuite s'achever, soit en menant par le point F un parallèle à D E, prenant F G égal à D E et joignant G E; soit en décrivant un arc du point F comme centre avec A pour rayon, et décrivant un second arc du point E comme centre avec B pour rayon.

Les problèmes suivants sont faciles à résoudre et se ramènent à des constructions de triangles.

145. Construire un parallélogramme connaissant deux côtés adjacents et une diagonale.*

145. Construire un parallélogramme connaissant un côté et les deux diagonales.*

143. Construire un parallélogramme connaissant les deux diagonales et l'angle de ces diagonales.*

143. Construire un parallélogramme connaissant le périmètre, un angle et un côté.*

147. Construire un rectangle connaissant la diagonale et un côté.*

149. Idem. Connaissant un côté et l'angle des diagonales.*

165. Construire un losange connaissant les deux diagonales.*

165. Construire un carré connaissant la diagonale.*

145. Construire un trapèze connaissant les quatre côtés.*

§ 12. — DES POLYGONES.

170. *La somme des angles intérieurs d'un polygone est égale à autant de fois deux angles droits que le polygone a de côtés moins deux.*

Par un sommet A menons des diagonales à tous les autres sommets, nous décomposerons ainsi le polygone en autant de triangles qu'il a de côtés moins deux : en effet, ces triangles ont un sommet commun au point A, et pour bases les différents côtés du polygone, excepté les deux côtés A B, A F de l'angle A. La somme des angles de tous ces triangles vaut autant de fois deux droits qu'il y a de triangles, c'est-à-dire autant de fois deux droits que le polygone a de côtés moins deux : or, la somme des angles du polygone n'est autre chose que la somme des angles des triangles ; donc elle est égale à autant de fois deux angles droits que le polygone a de côtés moins deux.

Par ex., la somme des angles d'un polygone de 17 côtés est égale à 15 fois 2, ou à 30 angles droits.

La somme des angles d'un polygone de 20 côtés est égale à 18 fois 2, ou à 36 angles droits.

N. B. *La somme des angles d'un polygone est égale à un nombre pair d'angles droits.*

Connaissant cette somme, on retrouvera le nombre des côtés en prenant la moitié de la somme et ajoutant 2. Ainsi le polygone dont la somme des angles est égale à 10 angles droits, a $\frac{10}{2}+2=7$ côtés. Le polygone dont la somme des angles est de 56 angles droits a $\frac{56}{2}+2=30$ côtés.

171. *La somme des angles extérieurs d'un polygone est égale à quatre angles droits.*

En effet, chaque angle extérieur G A B vaut deux angles droits avec l'intérieur adjacent B A F : donc la somme des angles, tant intérieurs qu'extérieurs, est égale à autant de fois deux angles droits que le polygone a de côtés. Mais la somme des angles intérieurs vaut autant de fois deux angles droits que le polygone a de côtés moins deux*; il reste donc deux fois deux angles droits, ou quatre angles droits, pour celle des angles extérieurs, et cela quel que soit le nombre des côtés du polygone.

On appelle *polygone régulier* un polygone qui est à la fois équiangle et équilatéral.

Il y a des polygones réguliers de tout nombre de côtés. Celui de trois côtés est le triangle équilatéral ; celui de quatre côtés est le carré.

172. *On peut toujours inscrire ou circonscrire à une circonférence un polygone régulier d'un nombre donné de côtés.*

En effet, supposons la circonférence divisée en autant de parties égales que le polygone doit avoir de côtés.

En menant les cordes des divisions, on aura un polygone régulier inscrit à la circonférence, car ce polygone a ses côtés égaux comme cordes d'arcs égaux*, et ses angles égaux, comme inscrits dans des segments égaux *.

En menant les tangentes par les points de division, on aura un polygone régulier circonscrit à la circonférence. En effet, les triangles BMC, CND, DPE...., sont isoscèles et égaux, comme ayant les bases égales et les angles à la base égaux : donc les angles L, M, N, P.... du polygone circonscrit sont égaux.

Les côtés de ce polygone sont aussi égaux ; car LB=*LA : or, LB est la moitié de LM, et LA est la moitié de LK : donc LM=LK, etc.

* 170.

fig. 136.

* 13.
* 123.

* 92.

N. B. Étant donné le polygone régulier inscrit, on obtiendrait le polygone régulier circonscrit en menant des tangentes par les milieux des arcs, car les milieux des arcs déterminent aussi des divisions égales sur la circonférence.

De même, étant donné le polygone régulier circonscrit en joignant les sommets au centre, ces lignes détermineraient des divisions égales sur la circonférence; par conséquent on aurait le polygone régulier inscrit en menant les cordes des divisions.

Les polygones inscrit et circonscrit ont alors les côtés parallèles deux à deux.

173. Réciproquement. *Un polygone régulier étant donné, ont peut toujours lui circonscrire ou lui inscrire une circonférence.*

Par trois sommets consécutifs A, B, C du polygone régulier faisons passer une circonférence*; je dis que cette circonférence passera par le sommet suivant D. *fig. 137,* ** 77.*

En effet, soit O le centre de cette circonférence, joignons O D et O A, et replions la figure autour de la perpendiculaire O G sur le côté B C; les angles en G étant droits, G C prendra la direction de G B; et comme G C=G B*, le point C viendra en B. Le ** 54.* polygone étant régulier, l'angle C est égal à l'angle B : donc le côté C D prendra la direction B A; et de plus, comme C D=B A, le point D viendra en A : donc O D est égal au rayon O A. Par conséquent la circonférence qui passe par trois sommets consécutifs A, B, C passe par le sommet suivant D; mais cette circonférence passant maintenant par les trois sommets consécutifs B, C, D, passera par le sommet suivant

E, et ainsi de suite : donc elle passe par tous les sommets du polygone régulier.

Cela posé, les côtés A B, B C, C D... du polygone régulier sont des cordes égales du cercle circonscrit : donc les perpendiculaires abaissées du centre O sur ces côtés sont égales*; par conséquent, si du point O, avec une de ces perpendiculaires OG pour rayon, on décrit une circonférence, chacun des côtés du polygone sera tangent à cette circonférence*.

174. On appelle *centre* d'un polygone régulier le centre commun de la circonférence inscrite et de la circonférence circonscrite à ce polygone.

Les perpendiculaires élevées par les milieux des côtés d'un polygone régulier et les bissectrices des angles se coupent au centre de ce polygone.

Car ce point est à égale distance de tous les sommets et de tous les côtés.

175. *L'angle d'un polygone régulier est égal à la somme de tous les angles du polygone divisée par le nombre des côtés.*

Par ex., la somme des angles d'un décagone étant égale à 16 angles droits, l'angle d'un décagone régulier vaut $\frac{16}{10} = \frac{8}{5}$ d'un angle droit ou $= 144°$.

De même, l'angle d'un pentagone régulier vaut $\frac{6}{5}$ d'un droit ou $108°$.

L'angle d'un hexagone régulier vaut $\frac{8}{6} = \frac{2}{3}$ d'un droit ou $120°$.

L'angle d'un octogone régulier vaut $\frac{12}{8} = \frac{3}{2}$ d'un droit ou $135°$, etc.

176. On appelle *angle au centre d'un polygone régulier* l'angle A O B formé par deux rayons O A, O B menés aux extrémités d'un même côté.

*(marges : * 59. — * 86. — fig. 136.)*

L'angle au centre d'un polygone régulier est égal à 4 angles droits divisés par le nombre des côtés.

Par ex., l'angle au centre d'un décagone régulier vaut $\frac{4}{10}=\frac{2}{5}$ d'un angle droit ou 36°. L'angle au centre d'un octogone régulier vaut $\frac{4}{8}=\frac{1}{2}$ d'un angle droit ou 45°, etc.

177. *L'angle d'un polygone régulier et l'angle au centre du même polygone sont supplémentaires.*

En effet, en menant des rayons O A, O B aux extrémités du côté A B, on forme un triangle isoscèle dont les angles à la base sont chacun la moitié de l'angle du polygone régulier, et dont l'angle du sommet est l'angle au centre du même polygone. Or, la somme des trois angles du triangle est égale à deux angles droits ; d'où résulte la proposition énoncée.

N. B. Il n'existe qu'un seul polygone régulier ayant ses angles aigus, le triangle équilatéral dont les angles valent chacun $\frac{2}{3}$ d'un angle droit ou 60°.

Il n'existe qu'un seul polygone régulier ayant les angles droits, le carré.

A partir du pentagone régulier, l'angle au centre devenant de plus en plus aigu, l'angle du polygone, qui en est le supplément, devient de plus en plus obtus.

178. Le tracé des polygones réguliers se ramène à la division de la circonférence en parties égales. On verra plus loin que cette division n'est possible que dans un nombre de cas très-limité. Il faudra donc généralement avoir recours à des procédés pratiques plus ou moins approximatifs*.

Lorsque le nombre des côtés du polygone régulier est un diviseur exact de 360, on trace facilement,

fig. 136.

* 17.

au moyen du *rapporteur*, l'angle au centre du polygone régulier et par suite les divisions de la circonférence.

Par ex., un angle au centre de 72° fait connaître $\frac{1}{5}$ de la circonférence. Un angle au centre de 40° en fait connaître $\frac{1}{9}$; un angle au centre de 7° $\frac{1}{2}$ en fait connaître $\frac{1}{48}$, etc.

179. Le *pavage*, qui consiste à recouvrir un plan avec des polygones réguliers, n'est possible que lorsque l'angle du polygone régulier est contenu un nombre exact de fois dans 4 angles droits.

On peut paver avec des triangles équilatéraux, en réunissant 6 triangles autour d'un même point.

On peut paver avec des carrés, en en réunissant 4 autour d'un même point.

Mais on ne peut pas paver avec des pentagones réguliers, car l'angle d'un pentagone régulier vaut $\frac{6}{5}$ d'un angle droit ; par conséquent 3 de ces angles valent moins, et 4 de ces angles valent plus de 4 angles droits.

On peut paver avec des hexagones réguliers, en assemblant 3 hexagones autour de chaque point.

Le problème est impossible avec des polygones réguliers de plus de 6 côtés, car les angles seraient plus grands que ceux de l'hexagone, et il faudrait en assembler au moins 3 autour de chaque point.

Les combinaisons de polygones réguliers sont aussi en nombre très-limité.

On peut paver avec des carrés et des octogones réguliers du même côté, car 2 angles d'octogone régulier valent en somme 3 angles droits, et le vide est rempli par l'angle du carré.

On peut aussi paver avec des triangles équilatéraux et des dodécagones réguliers du même côté, car 2 angles de dodécagone valent $\frac{10}{3}$ d'un droit ou $3^d + \frac{1}{3}$, et le vide est égal à $\frac{2}{3}$ d'un angle droit, valeur de l'angle du triangle équilatéral.

On peut couvrir l'espace autour d'un point avec un décagone et deux pentagones réguliers de même côté, ou avec un triangle équilatéral, un décagone et un pentédécagone réguliers, etc.; mais ces combinaisons ne peuvent cependant pas constituer un pavage, comme il est facile de s'en assurer.

A démontrer :

Un polygone équilatéral inscrit dans un cercle est régulier.

Un polygone équiangle inscrit dans un cercle a ses côtés égaux de deux en deux : donc il est régulier si le nombre des côtés est impair.

Un polygone équiangle circonscrit à un cercle est régulier.

Un polygone équilatéral circonscrit à un cercle a ses angles égaux de deux en deux : donc il est régulier si le nombre des côtés est impair.

§ 13. — LIGNES PROPORTIONNELLES.

180. *Si sur un des côtés d'un angle on prend, à* fig. 138. *partir du sommet des parties consécutives égales*, A B, B C, C D....., *et que, par les points de division, on mène des parallèles qui coupent l'autre côté de l'angle, ces parallèles intercepteront sur cet autre côté des parties* A E, E F, F G.... *qui seront aussi égales entre elles.*

En effet, par les points E, F..... menons des parallèles E K, F L,... à l'autre côté de l'angle; les triangles A B E, E K F, F L G..... auront A B═E K═F L....; en effet, E K═B C, F L═C D.... comme parallèles comprises entre parallèles, et A B═B C═C D.... par hypothèse. De plus, les angles A, B, F..... sont égaux comme correspondants, et les angles B, K, L... sont aussi égaux, comme ayant les côtés parallèles et dirigés dans le même sens. Donc ces triangles sont égaux, et il en résulte A E═E F═F G... (c. q. f. d.)

181. *Diviser une droite en parties égales.*

fig. 139.

Soit proposé de diviser la droite A B en 7 parties égales, par ex.

Menons par le point A une droite faisant avec A B un angle quelconque, et prenons sur cette droite 7 parties consécutives égales de A en E. Joignant E B et par les points de division menant des parallèles à cette ligne, ces parallèles diviseront A B en 7 parties égales *.

* 180.

182. *Prendre une fraction donnée d'une droite.*

fig. 139.

Soit la droite A B dont on veut les $\frac{5}{7}$, par ex. Cela revient à diviser A B en 7 parties égales, et à prendre le segment A D composé de 5 de ces parties.

Mais on peut trouver la fraction sans effectuer les divisions indiquées par le dénominateur. En effet, sur une échelle graduée quelconque, le double décimètre, par ex., prenons un segment composé de 7 divisions que nous porterons de A en E; prenons sur la même échelle un segment composé de 5 des mêmes divisions que nous porterons de A en C. Cela fait, joignons E B, et par le point C menons une parallèle

C D à cette ligne ; le segment A D ainsi déterminé sera les $\frac{5}{7}$ de A B. Car si l'on rétablissait tous les points de division, et si par chacun d'eux on menait des parallèles à E B, ces parallèles diviseraient A B en 7 parties égales, et A D contiendrait 5 de ces parties.

183. *Diviser une droite en parties proportionnelles à des nombres donnés.*

Soit proposé de diviser la droite A B en parties dans le rapport des nombres 5, 7, 9, par ex.

fig. 140.

Menons par le point A une droite faisant avec A B un angle quelconque ; prenons sur cette droite trois segments consécutifs A C, D C, D E composés de 5, 7 et 9 divisions d'une échelle graduée quelconque. Joignons E B et menons à cette ligne les parallèles D G, C F. Ces parallèles diviseront A B en trois parties A F, F G, G B proportionnelles aux nombres 5, 7, 9. En effet, en rétablissant les points de division de A C, C D, D E, et menant, pour chacun d'eux, des parallèles à E B, ces parallèles détermineraient 5 divisions égales sur le segment A F ; 7 de ces mêmes divisions sur le segment F G et 9 de ces mêmes divisions sur le segment G B.

N. B. Si les nombres étaient fractionnaires, si l'on demandait de partager A B en parties dans le rapport de $5 + \frac{2}{3}$, $18 + \frac{1}{2}$, $9 + \frac{3}{4}$, par ex. En convertissant les entiers en fractions et réduisant ces fractions au même dénominateur 12, le rapport serait celui des numérateurs 68, 222, 117, et l'on opérerait pour ces nombres comme on vient d'opérer pour les nombres 5, 7, 9.

184. *Si sur un des côtés d'un angle, on prend, à*

fig. 141.

partir du sommet, des parties quelconques, et que, par les points de division, on mène des parallèles qui coupent l'autre côté, ces parallèles intercepteront sur cet autre côté des parties proportionnelles.

En effet, supposons qu'on ait cherché la commune mesure de deux segments consécutifs du premier côté, A B et B C, et que cette commune mesure soit une ligne contenue, par ex., 30 fois sur A B et 17 fois sur B C. Si par les points de division on menait des parallèles à B E, ces parallèles diviseraient A E en 30 parties égales, et E F contiendrait 17 de ces parties* : donc A E et E F sont aussi dans le rapport de 30 à 17. Ainsi on a :

$$AB:AE::BC:EF.$$

On démontrerait de même que

$$BC:EF::CD:FG.$$

Donc A B : A E : : B C : E F : : C D : F G , etc.

Et en faisant la somme des antécédents et celle des conséquents :

$$AB:AE::AC:AF::BD:EG::AD:AG, \text{etc.}$$

Généralement, *deux segments quelconques pris sur un côté de l'angle et les deux segments correspondants de l'autre côté, donnent une proportion.*

La démonstration, étant indépendante de la grandeur de la commune mesure, subsiste quelque petite que soit cette commune mesure, et par conséquent lors même que les segments seraient incommensurables.

185. Réciproquement : *Si des droites BE, CF, DG.... interceptent sur les côtés d'un angle des parties proportionnelles, et ne se coupent pas dans l'intérieur de l'angle, ces droites sont parallèles.*

Car, on a par hypothèse :

$$AB:BC::AE:EF.$$

Si CF n'était pas parallèle à BE, on pourrait mener par le point C une parallèle CO à BE, et on aurait

$$AB:BC::AE:EO^*.$$

* 184.

Proportion qui devrait subsister en même temps que la précédente : donc il faudrait que la partie EO fût égale au tout EF, ce qui est absurde.

On démontrerait de la même manière que DG est parallèle à BE, etc.

186. *Diviser une droite* AB *en parties proportionnelles à des droites données* M, N, P.

Tracez par le point A une droite faisant avec AB un angle quelconque ; prenez sur cette droite des segments consécutifs égaux à M, N, P, de A en C ; joignez CB et menant par les points de division des parallèles à cette droite, elles diviseront AB en segments proportionnels à M, N, P*.

fig. 142.

* 184.

187. *Trouver une quatrième proportionnelle à trois droites données* A, B, C, *c'est-à-dire une ligne qui soit le quatrième terme d'une proportion dont les lignes* A, B, C *seraient les trois premiers termes.*

Tracez un angle quelconque K et sur un des côtés portez, à partir du sommet, la ligne A, de K en E ; à la suite la ligne B, de E en F ; et sur l'autre côté la ligne C, de K en G ; joignez EG et menant FH parallèle à cette ligne, GH sera la quatrième proportionnelle : en effet, on a :

fig. 143.

$$KE:EF::KG:GH \text{ ou } A:B::C:GH.$$

N. B. On peut porter toutes les lignes à partir du sommet, comme on le voit sur la seconde figure.

188. *Trouver une troisième proportionnelle à deux lignes données* A *et* B ; *c'est-à-dire une ligne qui soit le troisième terme d'une proportion continue dont les lignes* A *et* B *seraient les deux premiers termes.*

Cela revient à chercher une quatrième proportionnelle aux trois lignes A, B et B*.

189. *Par un point* O *pris dans l'intérieur d'un angle* A, *mener une droite qui soit divisée en ce point en deux parties proportionnelles à des lignes données* M *et* N, *ou à des nombres donnés.*

Supposons le problème résolu, et soit EF la droite demandée : si l'on menait par le point O une parallèle OD à l'un des côtés de l'angle, on aurait*
$$FO:OE::AD:DE,$$
mais par hypothèse on doit avoir
$$FO:OE::M:N,$$
$$\text{donc } M:N::AD:DE.$$

Ainsi, après avoir mené la parallèle OD qui détermine le segment AD, on cherchera une quatrième proportionnelle aux trois lignes connues M, N et AD, et on trouvera le segment DE, qui détermine le point E et par suite la ligne demandée EF.

Si les deux segments étaient dans le rapport de 5:7, par ex., DE serait déterminé par la proportion
$$5:7::AD:DE.$$

Problèmes à résoudre :

Partager une droite en trois parties telles que la première soit les $\frac{2}{3}$ de la seconde, et la seconde les $\frac{4}{5}$ de la troisième.

Partager une droite en trois parties telles que la première et la seconde soient dans le rapport de deux droites M *et* N, *et la seconde et la troisième dans le rapport de deux autres droites* P *et* Q.

190. *La bissectrice* B D *de l'angle* B *d'un triangle* A B C, *partage le côté opposé en deux segments* D A, D C *proportionnels aux deux côtés de l'angle.*

Menons par le point A une parallèle à la bissec- **fig. 145.** trice B D, jusqu'à la rencontre en E du côté C B pro- longé. A cause des parallèles A E, B D, on a* : *** 184.**

$$DA:DC::EB:BC.$$

Or, le triangle A B E est isoscèle, car l'angle E A B est égal, comme alterne interne, à l'angle A B D; l'angle A E B est égal, comme correspondant, à l'angle D B C, et par hypothèse A B D=D B C : donc E B=A B, et la proportion ci-dessus devient

$$DA:DC::AB:BC.\ \text{c. q. f. d.}$$

191. Réciproquement : *Si une droite* B D *menée par le sommet d'un triangle coupe le côté opposé* A C *de manière que l'on ait* A D : D C : : B A : B C, *cette droite* B D *est la bissectrice de l'angle* B *du triangle.*

Car, si l'angle B avait pour bissectrice une ligne B O différente de B D, il en résulterait :

$$AO:OC::AB:BC.$$

Et comme, par hypothèse

$$AD:DC::AB:BC$$

On en conclurait :

$$AO:AD<AO::OC:DC>AO,$$

proportion absurde : donc la bissectrice de l'angle B ne peut être une ligne différente de B D.

* 192. *La bissectrice* B D' *de l'angle extérieur* A B F *d'un triangle* A B C, *détermine sur le côté opposé deux segments soustractifs* D'C, D'A, *proportionnels aux côtés de l'angle intérieur adjacent.*

fig. 146.

En effet, la parallèle A E à la bissectrice B D' donne :

$$D'C:D'A::BC:BE.$$

Or, le triangle A B E est isoscèle, car les angles A et E sont égaux chacun à la moitié de l'angle extérieur A B F, d'où résulte la proposition énoncée.

N. B. La réciproque est vraie et se démontre comme la précédente.

Proportion harmonique. Les deux bissectrices B D, B D' donnent la proportion

$$DA:DC::D'A:D'C.$$

Ainsi les distances des deux points D, D' aux deux points A et C sont dans le même rapport.

On dit que ces deux points divisent *harmoniquement* la droite A C, et la proportion ci-dessus est appelée *proportion harmonique.*

Cette proportion peut s'écrire :

$$AD:AD'::CD:CD'.$$

Ce qui montre que réciproquement les deux points A et C divisent harmoniquement la droite D D'.

Les points D, D' sont dits les *conjugués* des points A et C, et réciproquement.

* 193. *Lieu des points dont les distances à deux points fixes* A *et* C *sont dans un rapport constant.*

fig. 146.

Soit B un point du lieu. Les bissectrices de l'angle intérieur B et de l'angle extérieur A B F du triangle A B C, doivent diviser harmoniquement la distance A C.

* 57.

Or, ces deux bissectrices sont rectangulaires*; et quelle que soit la position du point B, puisque le rapport des côtés B A, B C reste constant, ces bissectrices passent

* 190, 192.

par les deux mêmes points fixes D, D'* : donc *le lieu demandé est une circonférence* décrite sur D D' comme diamètre.

N. B. Soit m:n le rapport donné ; A D et par suite le point D se détermine par la proportion *   * 187.
$$n + m : m :: AC : AD,$$
et le point D' se détermine par la proportion
$$n - m : m :: AC : AD'$$

* 194. *Problème des lumières.* Soient A et C deux   fig. 146. points lumineux ; a^2, c^2 les intensités de la lumière à l'unité de distance, et B un point également éclairé ;

L'intensité de la lumière A, à la distance B A, étant en raison inverse du carré de la distance, sera représentée par $\dfrac{a^2}{\overline{BA}^2}$. De même $\dfrac{b^2}{\overline{CA}^2}$ sera l'intensité de la lumière C à la distance CA. On doit donc avoir $\dfrac{a^2}{BA^2} = \dfrac{c^2}{CA^2}$ ou $\dfrac{a}{BA} = \dfrac{c}{CA}$, ce qui donne la proportion
$$BA : CA :: a : c.$$

Ainsi le lieu des points également éclairés est tel que les distances aux points fixes A et C sont comme les racines carrées des intensités des lumières, c'est-à-dire dans un rapport constant : donc *le lieu est une circonférence* dont le diamètre est facile à déterminer*.   * 193. La discussion est aisée. Par ex., si les deux lumières sont égales, le triangle A B C est isoscèle, et le lieu devient la perpendiculaire sur le milieu de A C, ce qui est évident *à priori.*

§ 14. — TRIANGLES SEMBLABLES.

195. On appelle triangles *semblables* des triangles qui ont à la fois leurs angles égaux et leurs côtés *homologues* proportionnels.

Par côtés homologues on entend ceux qui sont opposés à des angles égaux, et ces angles eux-mêmes s'appellent *angles homologues*.

196. *Si on mène une parallèle D E à un des côtés BC d'un triangle ABC, on forme un triangle ADE semblable au triangle ABC.*

fig. 147.   En effet, les deux triangles ABC, ADE ont l'angle A commun; les angles D et B égaux comme correspondants, et les angles E et C égaux par la même raison : donc ces triangles sont équiangles.

Ces triangles ont aussi leurs côtés homologues proportionnels; car DE étant parallèle à BC, il en résulte *

* 184.

$$AB:AD::AC:AE.$$

Et si l'on mène par le point E une parallèle EF à AB, il en résultera *

* 184.

* 75.

$$AC:AE::BC:BF=DE *;$$

donc $AB:AD::AC:AE::BC:DE$. c. q. f. d.

Par conséquent les deux triangles ADE, ABC, ayant à la fois leurs angles égaux et leurs côtés homologues proportionnels, sont semblables.

Il existe des cas de similitude pour les triangles, comme nous avons vu qu'il existait des cas d'égalité.

197. *Deux triangles sont semblables lorsqu'ils ont un angle égal compris entre deux côtés proportionnels.*

fig. 148.   Soient les deux triangles ABC, abc, tels que l'angle A égale l'angle a, et que l'on ait

$$AB:ab::AC:ac;$$

je dis que ces triangles sont semblables.

Pour le démontrer, prenons sur AB une longueur AD égale à ab, et par le point D menons DE parallèle à BC. Le triangle A D E sera semblable au triangle A B C*, et on aura

* 196.

$$AB : AD :: AC : AE.$$

Or, par hypothèse A B : a b :: A C : a c, et A D = a b par construction ; donc A E = a c.

Cela posé, les deux triangles a b c, A D E sont égaux, comme ayant l'angle A égal à l'angle a, le côté A D égal à a b et le côté A E égal à a c. Or, le triangle A D E est semblable à A B C : donc a b c, égal à A D E, est aussi semblable à A B C.

198. *Deux triangles sont semblables lorsqu'ils ont leurs angles égaux.*

Soient les deux triangles A B C, a b c, tels que A = a, B = b, C = c ;

fig. 148.

Prenons toujours A D = a b, et par le point D menons D E parallèle à B C, le triangle A D E sera semblable au triangle A B C* : or, les deux triangles A D E, a b c sont égaux, comme ayant le côté A D égal au côté a b, par construction ; l'angle A égal à l'angle a, par hypothèse ; et l'angle D égal à l'angle b ; car D = B comme correspondant, et B = b, par hypothèse. Mais le triangle A D E est semblable à A B C : donc son égal a b c est aussi semblable à A B C.

* 196.

Conséquences. *Deux triangles sont semblables s'ils ont deux angles égaux.*

Deux triangles isocèles sont semblables s'ils ont un angle égal.

Deux triangles rectangles sont semblables s'ils ont un angle aigu égal.

Car dans ces divers cas les triangles sont équiangles.

Deux triangles sont semblables s'ils ont les côtés parallèles ou perpendiculaires chacun à chacun.

Car les angles des triangles qui ont les côtés parallèles* ou perpendiculaires* doivent être égaux ou
supplémentaires; il reste donc à démontrer que ces
angles ne sont pas supplémentaires.

Si les trois angles du premier triangle étaient supplémentaires de ceux du second, la somme des angles
des deux triangles serait égale à six angles droits,
ce qui est impossible*.

Si deux angles du premier triangle étaient supplémentaires de deux angles du second, la somme
de ces quatre angles serait égale à la somme des
6 angles des deux triangles, ce qui est absurde.

Ainsi les triangles ont au moins deux angles égaux :
donc ils sont équiangles, et par suite semblables.

199. *Deux triangles sont semblables lorsqu'ils ont les
trois côtés proportionnels.*

Soient les deux triangles ABC, abc, tels que l'on
ait $AB:ab::AC:ac::BC:bc$.

Prenons toujours $AD=ab$ et par le point D menons
DE parallèle à BC; le triangle ADE étant semblable
au triangle ABC*, on a
$$AB:AD::AC:AE::BC:DE.$$
Mais par hypothèse $AB:ab::AC:ac::BC:bc$.

AD étant égal à ab par construction, les rapports
$AB:AD$ et $AB:ab$ sont égaux de part et d'autre :
donc les autres rapports doivent être égaux. Ainsi
$AE=ac$ et $DE=bc$. Par conséquent les deux triangles ADE, abc sont égaux comme ayant les trois
côtés égaux chacun à chacun. Mais ADE est semblable à ABC : donc son égal abc est aussi semblable à ABC.

200. *Les sécantes menées par un point O, extérieur ou intérieur, à deux parallèles A B, C D, déterminent sur ces parallèles des segments proportionnels.*

Car les triangles semblables O A E, O C G donnent   fig. 149.
$$AE:CG::OE:OG.$$

De même les triangles semblables O E F, O G H donnent
$$EF:GH::OE:OG.$$

Donc, à cause du rapport commun, on a
$$AE:CG::EF:GH.$$

On démontrerait de même que
$$EF:GH::FB:HD.$$

En faisant la somme des antécédents et celle de leurs conséquences, on aurait aussi les rapports égaux:
$$AF:CH::EB:GD::AB:CD, \text{ etc.}$$

N. B. *Le rapport de deux segments correspondants des deux parallèles est le même que celui des distances de ces parallèles au point O.*

Car $EF:GH::OE:OG$; et menant par le point O la perpendiculaire OL, on a $OE:OG::OL:OM$.

N. B. Cette proposition conduit, comme celle du n° 184, à la division des lignes en parties égales ou en parties proportionnelles, soit à des nombres donnés, soit à des lignes données, etc.

Elle donne la théorie de la construction des *échelles*.

Soit A B une très-petite ligne que l'on veut diviser,   fig. 150.
par ex., en dix parties égales. Sur une perpendiculaire A O, prenons dix parties consécutives égales, et joignons A O; les parallèles à A B par les points 1, 2, 3.... de division, feront connaître $\frac{1}{10}$, $\frac{2}{10}$, $\frac{3}{10}$, etc., de A B. Par ex., la parallèle menée par le point 7 serait les $\frac{7}{10}$ de A B.

Si l'on prend une suite de longueurs égales AB, BC, CD...; que l'on mène par les points C, D, E... des parallèles à BO, et qu'on prolonge celles qui passent par les points 1, 2, 3..., on voit que la distance du point 7 au point K sera égale à $2AB + \frac{7}{10}$ de AB; par conséquent, si AB représente $\frac{1}{10}$ de l'unité de longueur, la distance 7K sera égale à 0,27 de cette unité; de même la distance 4L représentera 0,34. Ainsi, au moyen de cette échelle on pourra évaluer les distances à 0,01 près.

Si AB représentait $\frac{1}{100}$ de l'unité de longueur, on évaluerait les distances à 0,001 près.

201. *La perpendiculaire abaissée du sommet de l'angle droit d'un triangle rectangle sur l'hypoténuse partage le triangle en deux autres, qui sont semblables au grand, et par suite semblables entre eux.*

fig. 151.
* 198.

Car les deux triangles rectangles ABC, ABD ont l'angle aigu A commun : donc ils sont semblables *.

De même les deux triangles ABC, DBC ont l'angle aigu C commun : donc ils sont semblables.

Par conséquent les deux triangles ABD, DBC étant semblables au grand, sont semblables entre eux.

202. *Chaque côté de l'angle droit est moyen proportionnel entre l'hypoténuse AC et le segment adjacent AD ou DC.*

fig. 151.

Car les triangles semblables ABC, ABD donnent
$$AC : AB :: AB : AD.$$
Et les triangles semblables ABC, DBC donnent
$$AC : BC :: BC : CD.$$

203. *La perpendiculaire BD abaissée du sommet de l'angle droit sur l'hypoténuse est moyenne proportionnelle entre les segments AD, DC de l'hypoténuse.*

Car les triangles semblables ABD, DBC, donnent   fig. 151.
$$AD:BD::BD:DC.$$

204. *Le carré de la longueur de l'hypoténuse est égal à la somme des carrés des longueurs des deux autres côtés.*

AB étant moyenne proportionnelle entre AC et $AD^\star$,   fig. 151.
on a $AC:AB::AB:AD$; d'où $AB^2=AC\times AD$.   * 202.

De même BC étant moyenne proportionnelle entre AC et $DC^\star$, on a   * 202.
$$AC:BC::BC:DC,\ \text{d'où}\ BC^2=AC\times DC.$$

Donc $AB^2+BC^2=AC\times AD+AC\times DC$, ce qui revient à $AC\times(AD+DC)$, ou enfin à $AC\times AC=AC^2$.

Les réciproques de ces propriétés du triangle rectangle sont vraies et faciles à démontrer. Par ex. :

205. *Si, dans un triangle, le carré de la longueur d'un côté est égal à la somme des carrés des longueurs des deux autres côtés, le triangle est rectangle.*

Soit le triangle ABC, dans lequel on a $AC^2=$ fig. 152.
AB^2+BC^2. Élevons sur AB la perpendiculaire BD que nous prendrons égale à BC, et joignons AD.   * 204.
ABD étant rectangle en $B^\star$, $AD^2=AB^2+BD^2$; ou à cause de $BD=BC$, $AD^2=AB^2+BC^2$. Mais par hypothèse on a aussi $AC^2=AB^2+BC^2$: donc $AC=AD$. Ainsi, les deux triangles ABC, ABD sont égaux comme ayant les trois côtés égaux : or, ABD est rectangle en B, par construction ; donc son égal ABC est aussi rectangle en B.

Un triangle est rectangle, si les côtés sont, par ex., l'un de 3 mètres, l'autre de 4 et l'autre de 5 mètres.

Car $3^2+4^2=9+16=25$ et $5^2=25$.

Généralement : *Le double produit de deux nombres*

quelconques, la différence de leurs carrés et la somme de leurs carrés, expriment les trois côtés d'un triangle rectangle. Cela résulte de la formule

$$(a^2+b^2)^2=(a^2-b^2)^2+(2\,ab)^2.$$

Les nombres 1 et 2 conduisent à la solution 3, 4, 5.

Les nombres 3 et 8 à la solution 48, 55, 73, etc.

Cette propriété remarquable du triangle rectangle est aussi vraie pour les carrés construits sur les trois côtés du triangle. En voici une démonstration simple.

fig. 153.

Soit le triangle rectangle ABC. Prolongeons chaque côté de l'angle droit d'une longueur égale à l'autre, et sur lignes égales BD, BE construisons des carrés BDFG, BERP. Ces carrés seront égaux en surface.

Or, en menant la parallèle CK; prenant BH=BC, menant la parallèle HL et enfin les diagonales GM, MD, on voit que le carré BDFG se compose du carré construit sur BC, du carré construit sur AB, et de quatre triangles égaux au triangle proposé.

En prenant sur les côtés du second carré BERP des longueurs BN, PQ, RS égales à AC, on voit que ce carré se compose de quatre triangles égaux au triangle proposé, et du quadrilatère ANQS que nous allons démontrer être égal au carré construit sur l'hypoténuse AC. En effet, les quatre côtés sont égaux à l'hypoténuse; de plus, les deux angles PNQ, ANB étant égaux aux deux angles aigus A et C du triangle ABC, l'angle QNA est égal à l'angle B : donc les angles du quadrilatère sont droits; et comme les côtés sont égaux à AC, ce quadrilatère est égal au carré construit sur AC. Donc, en retranchant de part et d'autre les quatre triangles : *le carré construit sur l'hypoténuse est égal à la somme des carrés construits sur les deux autres côtés.*

206. *Élever une perpendiculaire à l'extrémité A d'une ligne, sans la prolonger.*   fig. 154.

Prenez sur la ligne, à partir du point A, cinq divisions consécutives égales de A en B. Du point C comme centre, avec les cinq divisions pour rayon, décrivez un arc ; et du point A, avec trois divisions pour rayon, un second arc, qui coupe le premier en D. A D sera la perpendiculaire demandée*.   * 205.

Équerre en cordes.—Trois cordeaux dont l'un se compose de trois, l'autre de quatre et l'autre de cinq divisions égales quelconques, forment un triangle rectangle*. Ce triangle, tendu sur le terrain, au moyen   * 205. de trois piquets, sert au tracé des perpendiculaires ou des parallèles, à défaut d'équerre d'arpenteur.

207. *Trouver une moyenne proportionnelle à deux lignes données* A *et* B.

Les propriétés du triangle rectangle conduisent aux deux constructions suivantes :

1° Sur la plus grande ligne A comme diamètre,   fig. 155. décrivez une demi-circonférence ; prenez sur ce diamètre un segment C E=B ; élevez la perpendiculaire E F et joignant C F, cette ligne sera la moyenne proportionnelle.

Car le triangle C F D est rectangle en F, puisque l'angle C F D inscrit dans une demi-circonférence est droit* : donc C F, côté de l'angle droit, est moyenne   * 123. proportionnelle entre l'hypoténuse C D=A et le segment adjacent C E=B*.   * 202.

fig. 156. 2º Sur la somme $CD = A + B$ des deux lignes, comme diamètre, décrivez une demi-circonférence et élevez la perpendiculaire EF qui sera la moyenne proportionnelle.

Car le triangle CFD étant rectangle, la perpendiculaire EF, abaissée du sommet de l'angle droit, est moyenne proportionnelle entre les segments $CE = A$ et $ED = B$ de l'hypoténuse[*].

* 203.

fig. 157. **208.** *Les parties de deux cordes* AB, CD *qui se coupent dans un cercle sont réciproquement proportionnelles.*

En d'autres termes : *le produit des segments de l'une des cordes est égal au produit des segments de l'autre.*

En effet, les triangles ACE, EBD semblables, comme équiangles, donnent la proportion

$$AE : ED :: EC : EB ; \text{ d'où } AE \times EB = ED \times EC.$$

fig. 157. Réciproquement. *Si deux lignes* AB, CD *se coupent de manière que l'on ait* $AE \times EB = ED \times EC$, *les quatre extrémités* A, B, C, D *sont sur une même circonférence* ;

Car si la circonférence passant par les trois points A, D, C coupait EB en B', on aurait $AE \times EB' = ED \times EC$. Et comme on suppose $AE \times EB = ED \times EC$, il en résulte $EB = EB'$: donc la circonférence passe aussi par le quatrième point B.

fig. 158. **209.** *Deux sécantes* OA, OB, *menées d'un même point à un cercle, sont réciproquement proportionnelles à leurs parties extérieures* OC, OD.

En d'autres termes, *le produit d'une sécante par sa partie extérieure est égal au produit de l'autre sécante par sa partie extérieure.*

En effet, les triangles OCB, ODA semblables,   fig. 158.
comme équiangles, donnent la proportion

$$OB:OA::OC:OD; \text{ d'où } OB\times OD = OA\times OC.$$

N. B. La réciproque est vraie et se démontre comme celle de la proposition précédente.

210. *Si l'on mène d'un même point O une tangente*   fig. 159.
OA et une sécante OC à une circonférence, la tangente
OA sera moyenne proportionnelle entre la sécante
entière OC et sa partie extérieure OB.

En d'autres termes, *le carré de la tangente est égal au produit de la sécante par sa partie extérieure.*

En effet, les triangles OAC, OAB semblables, comme équiangles, donnent

$$OC:OA::OA:OB; \text{ d'où } \overline{OA}^2 = OC\times OB.$$

Réciproquement. *Si l'on a* $\overline{OA}^2 = OC\times OB$, *la circonférence qui passe par les trois points A, B, C est tangente en A à la ligne OA.*

Car on peut toujours décrire une circonférence tangente en A et passant par le point C. Si cette circonférence coupait OC en B', on aurait $OA^2 = OC\times OB'$; mais par hypothèse $OA^2 = OC\times OB$; d'où $OB' = OB$, c.-à-d. la partie égale au tout, ce qui est absurde.

211. *Partager une droite AB en deux parties telles que la plus grande AE soit moyenne proportionnelle entre la ligne entière AB et l'autre partie EB, ou partager la droite AB en moyenne et extrême raison.*

Élevons la perpendiculaire BC égale à la moitié de   fig. 160.
AB; joignons AC; prenons $CD = BC$ et $AE = AD$;
la ligne AB sera partagée au point E comme on le
demande.

En effet, si l'on décrit une circonférence avec C B

pour rayon, elle sera tangente en B. Prolongeons A C jusqu'à la rencontre de cette circonférence en F. A cause de la tangente A B et de la sécante A F, on a*

$$AF:AB::AB:AD;$$

Et par suite A B : A D : : A F — A B : A B — A D.

Or, le rayon du cercle étant moitié de A B, son diamètre D F = A B : donc A F — A B = A F — D F = A D = A E. Et A B — A D = A B — A E = E B.

Substituant, la proportion devient

$$AB:AE::AE:EB, \text{ c. q. f. d.}$$

212. *Sur une droite* a b, *homologue de* A B, *construire un triangle semblable au triangle* A B C.

Chacun des cas de similitude des triangles conduit à une solution.

1° Au point a faisant avec a b un angle égal à l'angle A, et au point b un angle égal à l'angle B, on obtiendra un triangle semblable à A B C comme équiangle.

2° Après avoir fait l'angle a égal à l'angle A, on détermine le côté ac par la proportion

$$AB:ab::AC:ac,$$

et l'on connaît du triangle semblable, un angle et les deux côtés qui le comprennent.

3° Les deux proportions

$$AB:ab::AC:ac,$$
$$AB:ab::BC:bc$$

déterminent les deux autres côtés du triangle semblable.

213. *Mener par un point* A *une droite qui passe par le point de concours de deux droites données* C M, B N *que l'on ne peut prolonger.*

Menons par le point A une droite B C qui coupe les lignes données ; et une parallèle D E à cette droite. O étant le point de concours des deux droites C M, B N, la ligne A O donne la proportion

$$BC:DE::CA:DF$$

qui détermine D F*, et par suite la ligne demandée A F.

fig. 161.

* 187.

A démontrer :

Dans tout triangle, 1° le centre du cercle circonscrit, le centre de gravité et le point de concours des trois hauteurs sont trois points en ligne droite, et la distance des deux premiers est moitié de celle des deux autres ; 2° les milieux des côtés, les pieds des trois hauteurs et les milieux des distances du point de concours des trois hauteurs aux sommets sont neuf points de la même circonférence.

Dans tout quadrilatère, 1° les milieux des quatre côtés sont les sommets d'un parallélogramme dont la surface est moitié de celle du quadrilatère ; 2° les droites qui joignent les milieux des côtés opposés et celle qui joint les milieux des diagonales se coupent au même point et en parties égales.

Dans tout trapèze, 1° la droite qui joint les milieux des diagonales est parallèle aux bases et égale à la demi-différence de ces bases ; 2° les milieux des bases et le point de concours des diagonales sont en ligne droite avec le point de concours des côtés non parallèles.

A résoudre :

Trouver le lieu des points dont les distances à deux droites données sont dans un rapport constant. (Le lieu est une droite passant par le point de concours des droites données.)

Trouver un point dont les distances à trois points donnés soient dans le rapport de trois nombres ou de trois lignes.

Construire un triangle, connaissant : 1° le périmètre et les angles; 2° deux côtés et une médiane; 3° un côté et deux médianes; 4° les trois médianes; 5° les trois hauteurs.

§ 15. — PROBLÈMES SUR LES CONTACTS.

214. *Décrire un cercle qui passe par deux points donnés A et B et qui touche une ligne donnée MN.*

fig. 162.

Prolongeons BA jusqu'à la rencontre de la droite MN en C. La moyenne proportionnelle entre la sécante entière CB et la partie extérieure CA fera connaître la longueur de la tangente*. Portant cette longueur de C en D et de C en D', on aura les points de contact de deux cercles qui satisfont aux conditions données, et par suite il sera facile de trouver les centres O, O'.

* 210.

215. *Décrire un cercle qui touche les deux côtés d'un angle et qui passe par un point intérieur.*

Le point symétrique du point donné, par rapport à la bissectrice de l'angle, est un second point du cercle demandé. Ainsi le problème se ramène à décrire un cercle qui passe par deux points et qui touche un des côtés de l'angle, ce qui est le problème précédent.

fig. 163.

Autre solution. — Décrivons un cercle C qui touche les deux côtés de l'angle; joignons AS, et soit B un des points d'intersection avec le cercle C. Menons le rayon CB, et par le point A une parallèle AO à ce rayon jusqu'à la rencontre de la bissectrice; le point O sera le centre du cercle demandé. En effet, on a*

* 184.

$$SO : SC :: OA : CB.$$

Mais le rayon C D mené au point de contact, et la parallèle O E donnent :

$$SO:SC::OE:CD.$$

Donc, à cause du rapport commun,

$$OA:CB::OE:CD.$$

Or, CB=CD comme rayon du cercle C : donc O A =O E. Ainsi le cercle décrit du point O comme centre avec O A pour rayon satisfait à la question.

Le rayon CG et la parallèle A O' déterminent le centre O' d'un second cercle qui satisfait aussi aux conditions du problème.

216. *Décrire un cercle qui passe par deux points donnés A et B et qui touche un cercle donné C.*

Décrivons un cercle qui passe par les deux points A et B et qui coupe le cercle donné C en D et E. Menons les lignes B A, E D, et soit F le point de concours ; par le point F imaginons des tangentes F G, F H au cercle donné, on aura $FG^2 = FE \times FD^*$; mais $FE \times FD = FB \times FA^*$; donc $FG^2 = FB \times FA$. Par conséquent le cercle qui passe par les trois points connus A, B, G est tangent en G au cercle proposé*. Le cercle qui passe par les trois points connus H, A, B est aussi tangent en H et donne une autre solution.

fig. 164.

* 210.
* 200.

* 210 réc.

N. B. Si D E est parallèle à A B, les points de contact sont sur la perpendiculaire à A B menée par le centre C.

217. *Décrire un cercle qui passe par un point donné D, et qui touche un cercle donné C et une droite donnée A B.*

Supposons le problème résolu, et soit O le centre du cercle cherché, qui peut avoir avec le cercle donné un contact extérieur ou un contact intérieur en I, et soit F le point de contact avec la droite.

fig. 165.

Par le centre C du cercle donné menons H K perpendiculaire à la droite. Les triangles isocèles I O F, I C G, ayant les angles du sommet O et C égaux comme correspondants, sont semblables : donc les points F et G sont en ligne droite avec le point de contact I. Joignant G D, cette ligne est sécante au cercle demandé, et il est facile de déterminer la partie extérieure G X de cette sécante, si le contact est extérieur, ou le second segment G X de la corde D X, si le contact est intérieur. En effet, l'angle H I G étant droit* ainsi que l'angle G K F, les quatre points H, I, F, K sont sur une circonférence dont F H est le diamètre : donc*

$$G K \times G H = G F \times G I.$$

Mais en considérant le cercle demandé on a* :

$$G D \times G X = G F \times G I.$$

Donc $\quad\quad G K \times G H = G D \times G X$;

Ou $\quad\quad G D : G K :: G H : G X,$

proportion qui détermine G X et par suite un second point X du cercle cherché. Ainsi *le problème se ramène à décrire un cercle passant par deux points donnés D et X et touchant une droite donnée A B*, ou un cercle donné C**. On trouvera généralement quatre solutions.

218. *Décrire un cercle qui touche en même temps un cercle donné et deux droites données.*

Si le rayon du cercle cherché augmentait ou diminuait du rayon du cercle donné, le cercle cherché passerait par le centre du cercle donné et serait tangent à deux parallèles aux deux droites données distantes de ces droites d'une quantité égale au rayon du cercle donné. Ainsi le problème se ramène *à décrire un cercle qui passe par un point donné et qui touche*

Marginal notes:
* 123.
* 209.
* 200.
* 214.
* 216.

deux droites données *. On trouvera généralement quatre solutions.   * 215.

219. *Décrire un cercle qui touche deux cercles donnés et une droite donnée.*

En remplaçant le grand cercle par un cercle concentrique décrit avec la somme ou la différence des rayons des deux cercles donnés, selon la nature du contact, et remplaçant aussi la droite par une parallèle menée à la distance du rayon du plus petit cercle, le problème se ramène à *décrire un cercle touchant un cercle donné et une droite donnée et passant par un point donné* ; problème déjà résolu *. On trouvera généralement huit solutions.   * 217.

Si les rayons des deux cercles étaient égaux, le problème se ramènerait *à décrire un cercle passant par deux points donnés et tangent à une droite donnée* *.   * 214.

***220.** *Deux circonférences étant données, les droites qui joignent de part et d'autre les extrémités des rayons parallèles, de même sens ou de sens contraire, concourent toutes sur la ligne des centres.*

Soient OA, $O'A'$ deux rayons parallèles de même sens et D l'intersection de AA' avec la ligne des centres. Les triangles semblables OAD, $O'A'D$ donnent   fig. 166.

$$OA : O'A' :: OD : O'D ;$$

d'où $$OA - O'A' : OO' :: OA : OD,$$

proportion dont les trois premiers termes restent les mêmes, quelle que soit la direction des rayons : donc OD est constant et le point D invariable sur la ligne des centres.

Soient OB, $O'B'$ deux rayons parallèles de sens contraire et I le point d'intersection de BB' avec la ligne des centres. On a

$$OB:O'B'::OI:O'I;$$

d'où $$OB+O'B':OO'::OB:OI.$$

Quelle que soit la direction des rayons, les trois premiers termes de la proportion restent les mêmes : donc OI est constant et le point I invariable sur la ligne des centres.

N. B. Les points D et I se nomment, le premier *centre de similitude directe*, et le second *centre de similitude inverse* des deux cercles.

On a $$DO:DO'::IO:IO'.$$

Ainsi la distance des centres est divisée *harmoniquement* par ces points.

* 192.

*221. *Les tangentes communes extérieures à deux cercles concourent au centre de similitude directe, et les tangentes intérieures au centre de similitude inverse.*

Car, pour les premières, les rayons menés aux points de contact sont parallèles et de même sens : pour les autres, les rayons sont parallèles et de sens contraire.

De là résulte un nouveau procédé pour mener les tangentes communes à deux cercles*. On déterminera les centres de similitude D et I, et les tangentes menées par chacun de ces points à l'un des deux cercles seront aussi tangentes à l'autre.

* 90.

N. B. *Lorsque deux circonférences se touchent extérieurement, le point de contact est le centre de similitude inverse.*

Lorsque deux circonférences se touchent intérieurement, le point de contact est le centre de similitude directe.

Pour deux circonférences égales, le centre de similitude directe est à l'infini, et le centre de similitude inverse est au milieu de la distance des centres.

Pour deux circonférences concentriques , les deux centres de similitude se confondent avec le centre commun.

**222. Les centres de similitude directe de trois cercles considérés deux à deux sont trois points en ligne droite.*

C, C', C" étant les centres de trois cercles , et R , R', R" les rayons , déterminons le centre D de similitude directe des deux cercles C', C" et le centre D' des deux cercles C , C". Joignons D D' coupant C C' en D", et il s'agit de démontrer que D" est le centre de similitude directe de deux cercles C, C'.

Pour cela , menons C" A parallèle à C C'.

A cause des triangles semblables C D" D' , C" A D',
$$C D":C" A::C D':C" D'.$$

Mais D' étant le centre de similitude directe des cercles C , C", on a :
$$C D':C" D'::R:R".$$

Donc $\qquad C D":C" A::R:R" (1).$

A cause des triangles semblables C'D"D , C"A D
$$C'D":C" A::C'D:C" D.$$

Mais D étant le centre de similitude directe des deux cercles C', C", on a :
$$C'D:C" D::R':R".$$

Donc $\qquad C'D":C" A::R':R" (2).$

Les proportions (1) et (2) ayant les conséquents égaux , les antécédents donnent la nouvelle proportion
$$C D":C'D"::R:R'$$

qui prouve que le point D" est effectivement le centre de similitude directe des deux cercles C, C'. c. q. f. d.

**223. Deux centres de similitude inverse sont en ligne droite avec le centre de similitude directe qui correspond au troisième centre de similitude inverse.*

fig. 107.

fig. 167.

Soient I', I les centres de similitude inverse des cercles C, C" et des cercles C', C". Joignons I'I coupant le prolongement de CC' en D", et il s'agit de démontrer que D" est le centre de similitude directe des deux cercles C, C'.

Pour cela, menons la parallèle C"B à CC'. A cause des triangles semblables CD"I', C"BI',

$$CD'' : C''B :: R : R'' \quad (1).$$

A cause des triangles semblables C'D"I, C"BI,

$$C'D'' : C''B :: R' : R'' \quad (2);$$

d'où $CD'' : C'D'' :: R : R'$,

qui prouve que le point D" est le centre de similitude directe des cercles C, C'. c. q. f. d.

De ces deux propositions résulte la suivante :

*224. *Les six centres de similitude de trois cercles considérés deux à deux sont situés sur quatre droites, que l'on appelle axes de similitude.* La droite qui passe par les centres de similitude directe est dite *axe de similitude directe.* Les trois autres sont dites *axes de similitude inverse.*

fig. 168.

Une sécante commune menée par un des centres de similitude de deux cercles, coupe chacun des deux cercles en deux points, un point d'*entrée* et un point de *sortie.* Par ex., la sécante commune SB donne les points d'entrée a, A et les points de sortie b, B.

*225. *Si par l'un des centres de similitude de deux cercles on mène deux sécantes communes; en prenant sur chaque sécante un point d'entrée sur l'une des circonférences et un point de sortie sur l'autre; les quatre points sont situés sur une même circonférence.*

Car les distances SB, Sb et les distances SD, Sd fig. 168.
étant dans le rapport des rayons,
$$SB:SD::Sb:Sd.$$
Mais les sécantes Sb, Sd au cercle o donnent
$$Sb:Sd::Sc:Sa.$$
Donc $SB:SD::Sc:Sa$; d'où $SB\times Sa = SD\times Sc$,
ce qui prouve que les deux points d'entrée a, c et les
deux points de sortie B, D sont sur une même circonférence *. * 209 réc.

On le démontrerait de même pour les deux points
d'entrée A, C et pour les deux points de sortie b, d;
pour C, a, B, d et pour A, c, D, b.

N. B. *Les quatre points de contact* M, N, m, n *des
tangentes, extérieures ou intérieures, communes à deux
circonférences, sont situés sur une nouvelle circonférence.*
Car à cause de l'égalité des tangentes * on a évidemment * 92.
$$SM\times Sm = SN\times Sn.$$
Nous pouvons maintenant aborder les deux problèmes qui restent à résoudre sur le contact des cercles.

* 226. *Décrire un cercle qui touche deux cercles
donnés* C, C' *et qui passe par un point donné* A.

Soit C'' le cercle cherché qui touche les deux cercles fig. 169.
donnés, par ex., extérieurement en M et N. Ces deux
points étant deux centres de similitude inverse*, doi- * 221.
vent être en ligne droite avec le centre S de similitude
directe des deux cercles donnés*. * 223.

A cause des sécantes communes SM, SC à ces
deux cercles, les deux points d'entrée B, M et les
deux points de sortie D, N étant sur une même circonférence *, * 225.
$$SM\times SN = SB\times SD.$$

La ligne SA doit couper le cercle demandé en un second point X facile à déterminer. Car à cause des sécantes SM, SA au cercle cherché, on a aussi

$$SM \times SN = SA \times SX;$$

Donc $\quad SA \times SX = SB \times SD$ ou $SA:SB::SD:SX.$

Ainsi, la distance SX est une quatrième proportionnelle à trois droites SA, SB, SD connues dès qu'on a déterminé le centre de similitude directe S des deux cercles donnés*. Connaissant le point X, le problème se ramène à *décrire un cercle qui passe par deux points et qui touche un cercle donné**. On trouvera généralement quatre solutions.

227. *Décrire un cercle tangent à trois cercles donnés.* En remplaçant le plus grand cercle et le cercle moyen par des circonférences concentriques décrites avec les rayons de ces cercles augmentés ou diminués du rayon du plus petit cercle (selon la nature du contact), le problème se ramène à *décrire un cercle tangent à deux cercles donnés et passant par un point donné**. On trouvera généralement huit solutions.

§ 16. — APPLICATIONS SUR LE TERRAIN.

228. *Trouver la distance d'un point A à un point inaccessible M.*

Prenons un point B sur le terrain formant avec la distance AM un triangle ABM dont on puisse mesurer le côté AB et les angles A et B; construisons sur le papier un triangle semblable en prenant pour le côté ab autant de millimètres, par ex., que AB contient de mètres sur le terrain, et le nombre de millimètres du côté am sur le papier fera connaître le nombre de mètres de la distance AM sur le terrain.

Autre solution avec l'équerre d'arpenteur. On se place en A avec l'équerre d'arpenteur, et alignant un des diamètres sur le point M, on fait planter un jalon en B dans la direction perpendiculaire. Cela fait, on mesure AB et à la suite une distance BC qui soit une fraction déterminée de AB, $\frac{1}{6}$ de AB, par ex.

On va se placer ensuite en C, avec l'équerre d'arpenteur, et on élève sur CA, en sens contraire de AM, une perpendiculaire sur laquelle on fait planter un jalon en D, dans la direction MB.

Les triangles rectangles AMB et BCD sont semblables comme ayant les angles en B égaux : donc, CB étant $\frac{1}{6}$ de AB, CD sera $\frac{1}{6}$ de la distance cherchée AM. Ainsi on mesurera CD, et multipliant la longueur par 6 on obtiendra la distance AM.

N. B. On peut aussi trouver la distance AM par le triangle rectangle MBE que l'on détermine en se plaçant en B avec l'équerre d'arpenteur, visant le point M et faisant planter un jalon en E sur le prolongement de MA. En effet, mesurant AB et AE, on a* AE:AB::AB:AM, proportion qui détermine AM.

* 203.

fig. 171.

Autre solution par les alignements. Prenons deux points quelconques B et C sur le terrain, et sur le prolongement des lignes BA, CA, mesurons des distances AB, AC proportionnelles à ces lignes, qui en soient $\frac{1}{5}$, par ex. Cela fait, cherchons le point m du prolongement de MA qui est dans la direction des deux nouveaux points connus c, b. Les triangles BAC, bAc et par suite les triangles MAB, mAb étant semblables,

$$bA:BA::Am:AM.$$

Et si l'on a $bA = \frac{1}{3}$ de BA, on en conclura A m $= \frac{1}{3}$ AM.

N. B. En prenant A b=A B et A c=A C, les triangles seraient égaux, et on aurait A m=AM. Mais la configuration du terrain exigera généralement des triangles semblables.

229. *Trouver la distance de deux points inaccessibles.*

fig. 172.

On choisit sur un terrain horizontal une base AB que l'on puisse mesurer et des deux extrémités de laquelle on aperçoive les deux points inaccessibles M et N.

On mesure avec soin la base AB ainsi que les angles A et B du triangle MAB, et l'on construit sur le papier un triangle semblable ; en prenant pour représenter A B une ligne a b, qui contienne par ex. autant de millimètres que A B contient de mètres. De même, mesurant les angles à la base du triangle N A B, on construira sur a b un triangle semblable. Il est évident que les triangles M A N, m a n seront aussi semblables comme ayant un angle égal, compris entre deux côtés proportionnels ; donc M N contient autant de mètres sur le terrain que m n contient de millimètres sur le papier.

Généralement a b : A B : : m n : M N.

fig. 173.

Autre solution avec l'équerre d'arpenteur. On cherche un point A sur le terrain, tel qu'en se plaçant en ce point avec l'équerre d'arpenteur et dirigeant un des diamètres sur le point M on aperçoive le point N à travers le diamètre rectangulaire. Le point A est alors sur la circonférence de cercle qui a pour diamètre M N. On détermine de la même manière deux autres points B, C de cette circonférence. Cela fait, on mesure AB, BC et la perpendiculaire BD abaissée du point milieu sur la direction AC des deux autres points, et je dis que l'on a $MN = \dfrac{AB \times BC}{BD}$.

En effet, menant le diamètre AE du cercle et joignant EB, les deux triangles rectangles AEB, BDC sont semblables, comme ayant les angles E et C égaux, car ces deux angles ont chacun pour mesure $\frac{1}{2}$ de l'arc AB : donc $BD : AB :: BC : AE$, et à cause de $AE = MN$ comme diamètres, il en résulte la valeur trouvée pour MN.

Conséquence. *Trouver le rayon du cercle passant par trois points donnés* A, B, C *sur le terrain.*

Mesurant deux côtés AB, BC, du triangle ABC et la hauteur comprise BD, on a, pour le rayon R du cercle qui passe par les trois points, $R = \dfrac{AB \times BC}{2\,BD}$.

Autre solution par les alignements. Prenons deux points B, C sur le terrain en ligne droite avec le point M et opérons comme pour déterminer la distance inaccessible AM[*]. fig. 174.

[*] 229.

De même, prenons sur CA un point D en ligne droite avec le point B et le point N, et opérons comme pour déterminer la distance inaccessible AN[*]. [*] 229.

Nous obtiendrons ainsi un triangle mAn semblable à MAN qui fera connaître la distance inaccessible MN par la mesure de la distance accessible m n.

N. B. En remarquant que la ligne m n est parallèle à MN, on voit qu'il résulte de là un procédé pour *mener une parallèle* ou bien *une perpendiculaire à une droite inaccessible* MN.

230. *Trouver la hauteur d'un édifice dont le pied est accessible.*

Mesurez horizontalement, à partir du pied de l'édifice, une base BC, et vous plaçant au point C avec un graphomètre (dont le limbe sera rendu vertical, au moyen du fil à plomb, et la lunette fixe horizontale, au moyen du niveau à bulle d'air), dirigez la lunette mobile vers le sommet A de l'édifice. Vous obtiendrez ainsi l'angle D du triangle rectangle A D E dont on connaît déjà le côté ED par la mesure de la base. On pourra donc construire un triangle semblable a d e sur le papier, qui fera connaître la hauteur AE par la proportion

$$d\,e : D\,E :: a\,e : A\,E.$$

Il restera à ajouter la hauteur EB que l'on pourra mesurer directement sur l'édifice, et qui est celle du pied de l'instrument si le terrain est bien horizontal.

Si la pente du terrain était trop considérable, on prendrait aussi avec le graphomètre l'angle EDB, et l'on construirait un second triangle rectangle e d b, semblable à EDB, qui ferait connaître la hauteur EB.

Autre solution, au moyen de l'ombre. A l'extrémité de l'ombre BC de l'édifice, plaçons un jalon vertical CE dont on connaisse la longueur, et mesurons l'ombre portée CF de ce jalon ; mesurons aussi l'ombre portée CB de l'édifice, dans la direction FC de celle du jalon. Les triangles semblables ABC, ECF déterminent la hauteur BA par la proportion

$$CF : CB :: CE : BA.$$

N. B. Comme la théorie des *tranversales* ne fait pas partie du programme de ce cours, nous devons nous borner à ces simples applications.

§ 17. — DES POLYGONES SEMBLABLES.

231. On appelle polygones *semblables* ceux qui ont les angles égaux, chacun à chacun, et les côtés *homologues* proportionnels.

Par *côtés homologues*, on entend ceux qui ont la même position dans les deux figures, ou qui sont adjacents à des angles égaux. Ces angles eux-mêmes s'appellent angles *homologues*.

232. *Deux polygones composés d'un même nombre de triangles semblables chacun à chacun et semblablement disposés sont semblables.*

Soient le triangle BCD semblable à bcd ; le triangle ABD semblable à abd, etc. Je dis que le polygone ABCDEFG est semblable au polygone abcdefg.

fig. 177.

En effet, les angles des deux polygones sont égaux, ou comme angles homologues, ou comme sommes d'angles homologues de triangles semblables.

A cause de la similitude des triangles BDC, bdc,
$$BC:bc::CD:cd::BD:bd \; ;$$
A cause de celle des triangles ABD, abd,
$$BD:bd::AB:ab::AD:ad \; ;$$
A cause de celle des triangles ADE, adc,
$$AD:ad::DE:de::AE:ae, \text{ etc.}$$
Donc, en supprimant les rapports communs des diagonales, on a
$$BC:bc::CD:cd::AB:ab::DE:de::EF:ef, \text{ etc.}$$
Par conséquent, les deux polygones, ayant aussi les côtés proportionnels, sont semblables.

233. Réciproquement : *deux polygones semblables*

8

sont décomposables en un même nombre de triangles , semblables chacun à chacun et semblablement disposés.

fig. 177.   Soient les deux polygones semblables A B C D E F G, a b c d e f g. Menons les diagonales B D , b d. Les angles C, c sont égaux comme angles homologues de poly-

* 231.   gones semblables* ; les côtés de ces polygones étant

* 231.   proportionnels*, on a B C : b c : : C D : c d ; donc les

* 197.   deux triangles B D C , b d c sont semblables*.

Les angles C B D, c b d , de ces triangles, étant égaux , et les angles homologues C B A, c b a, des deux polygones, étant aussi égaux, leurs différences D B A , d b a sont des angles égaux.

A cause de la similitude des deux polygones ,

$$B C : b c : : A B : a b ;$$

Et à cause de celle des triangles D B C , d b c ,

$$B C : b c : : B D : b d.$$

Par suite ,   A B : a b : : B D : b d.

Donc , en menant les diagonales A D , a d, les deux

* 197.   triangles A B D , a b d sont aussi semblables*, et ainsi de suite.

234. *Si sur deux lignes quelconques* MN, m n *on construit, de part et d'autre, un même nombre de triangles* M N A, m n a ; M N B, m n b, *etc., semblables chacun à chacun et semblablement disposés, les polygones* A B C D E , a b c d e *ainsi déterminés, sont semblables.*

fig. 178.   En effet, à cause de la similitude des triangles, A M N , a m n ; A M et a m font des angles égaux avec M N , m n. De même, à cause de la similitude des triangles B M N , b m n ; B M et b m font des angles

égaux avec M N et m n : donc l'angle A M B est égal
à l'angle a m b.

De plus, à cause de la similitude des mêmes
triangles,

$$A M : a m : : M N : m n ,$$
$$B M : b m : : M N : m n ;$$
$$\text{d'où } A M : a m : : B M : b m.$$

Ainsi les triangles A M B, a m b, ayant un angle égal
compris entre côtés proportionnels, sont semblables.

On le démontrerait de même pour les triangles
B M C, b m c; C M D, c m d; D N E, d n e, A N E, a n e;....
cela posé, les deux polygones A B C D E, a b c d e ont
les angles égaux comme somme d'angles homologues
de triangles semblables.

Ces deux polygones ont aussi leurs côtés homologues proportionnels, car à cause des triangles
semblables A M B, a m b

$$A B : a b : : A M : a m.$$

Et à cause des triangles semblables A M N, a m n,

$$A M : a m : : M N : m n.$$

$$\text{Donc } A B : a b : : M N : m n.$$

On démontrerait de même que B C, b c; C D, c d,...
sont aussi dans le rapport de M N à m n.

235. *Les périmètres des polygones semblables sont
dans le rapport des côtés homologues.*

Car les polygones étant semblables, leurs côtés   fig. 177.
sont proportionnels; donc

$$A B : a b : : B C : b c : : C D : c d : : D E : d e : : \text{etc.}$$

Par suite, la somme des antécédents (périmètre
de la première figure) est à la somme des conséquents
(périmètre de la seconde) comme un antécédent

quelconque est à son conséquent, ou comme un côté A B, de la première figure, est à son homologue a b, dans la seconde.

fig. 178.   *N. B.* Deux points M, m pareillement situés par rapport à deux polygones semblables A B C D E, a b c d e, sont dits *points homologues* des deux polygones.

Étant donné le point M, on trouve le point homologue m en construisant sur a b, par ex., un triangle semblable au triangle A B M et pareillement disposé.

Deux droites M N, m n sont *homologues* quand leurs extrémités sont homologues deux à deux.

On voit que *deux droites homologues sont dans le rapport des côtés :* donc, *les périmètres de deux polygones semblables sont dans le rapport de deux droites homologues quelconques des deux figures.*

236. *Les polygones réguliers d'un même nombre de côtés sont semblables.*

En effet, ces polygones ont les angles égaux, puisque la valeur de l'angle d'un polygone régulier ne dépend ** 175.* que du nombre des côtés *, et que le nombre des côtés est le même ; de plus, les côtés étant égaux, dans les deux figures, leur proportionnalité est évidente.

237. *Les périmètres des polygones réguliers d'un même nombre de côtés sont comme les rayons des cercles inscrits ou circonscrits.*

fig. 179.   Soit A B le côté d'un polygone régulier, et C son centre : C A est le rayon du cercle circonscrit, et la perpendiculaire C D le rayon du cercle inscrit.

Soit a b le côté d'un polygone régulier semblable et c son centre : c a est le rayon du cercle circonscrit, et la perpendiculaire c d le rayon du cercle inscrit.

Cela posé, les triangles rectangles CAD, cad sont semblables , car les angles CAD, cad sont égaux comme étant chacun la moitié de l'angle du polygone régulier ; ainsi* :

$$AD:ad::CA:ca::CD:cd.$$

Mais les polygones réguliers étant semblables*, ont leurs périmètres dans le rapport des côtés AB, ab*, et par suite des demi-côtés AD, ad : donc ces périmètres sont aussi dans le rapport de $CA:ca$ ou de $CD:cd$. c. q. f. d.

238. *Sur une droite* ab *homologue de* AB *construire un polygone semblable à un polygone donné* ABCDEF.

Décomposons le polygone en triangles ; sur ab construisons un triangle abc semblable à ABC; sur ac un triangle acd semblable à ACD; sur ad un triangle ade semblable à ADE, etc., le polygone $abcdef$ ainsi formé sera semblable au polygone donné*.

Autre solution. Au point b faisant un angle égal à l'angle B, cherchant une 4e proportionnelle* aux trois lignes AB, ab et BC, et portant cette 4e proportionnelle de b en c; au point c faisant un angle égal à l'angle C, cherchant une 4e proportionnelle aux trois lignes BC, bc et CD, ou ce qui revient au même aux trois lignes AB, ab et CD, portant cette 4e proportionnelle de c en d; continuant de même et joignant fa on aura le polygone semblable.

En effet, le triangle ABC étant semblable à abc; de même ACD à acd et DAE à dae, il reste à démontrer que AEF est semblable à aef*.

Or, par construction $ED:ed::EF:ef$.

Et à cause de la similitude des triangles ADE, ade

$$E\,D:e\,d::E\,A:e\,a.$$

Donc $E\,A:e\,a::E\,F:e\,f.$

Les angles DEF, def étant égaux par construction et les angles DEA, dea étant aussi égaux, comme angles homologues des triangles semblables DEA, dea: l'angle AEF est égal à l'angle aef comme différences d'angles égaux.

Ainsi les deux triangles AEF, aef ayant un angle égal compris entre deux côtés proportionnels sont semblables.

N. B. La recherche des 4es proportionnelles successives s'abrége ainsi qu'il suit.

fig. 181.

Sur un côté d'un angle NKM; prenons $KB=AB$ et menons par le point B la transversale $BC=ab$; si l'on porte sur KM, à partir du sommet, les différents côtés du polygone, et que l'on mène par les points de division des parallèles à BC, les parties de ces parallèles, comprises dans l'angle, seront les côtés correspondants de la figure semblable.

fig. 182.

On peut aussi se servir de l'instrument connu sous le nom de *compas de proportion*, et qui se compose de deux règles graduées et assemblées comme les branches d'un compas.

Portant sur une des deux règles le côté AB de o à 7, par ex., on ouvre l'instrument jusqu'à ce que la distance des points 7,7, des deux branches, soit égale à ab. Portant ensuite sur une des deux règles le côté BC, de o en 5, par ex., la distance des deux points 5,5, sera le côté homologue de BC, etc...

N. B. Le lever des plans offre une application continuelle de la similitude des figures.

§ 18. — DIVISION DE LA CIRCONFÉRENCE ET CALCUL DE SA LONGUEUR.

239. Nous avons indiqué un procédé *pratique* *, et, plus tard, la géométrie nous a fourni un procédé *théorique** pour la division des droites en parties égales.　* 8.

Il n'en est pas de même pour la division des arcs. On n'a de procédé *théorique* que pour diviser un arc en 2* et par suite en 4, 8, 16, 32... parties égales.　* 181.　* 55.

La division d'un arc, ou d'un angle quelconque, en trois parties égales est le problème si connu de la *trisection* de l'angle. On ne peut le résoudre que dans le cas d'un angle droit ou d'un arc de 90°, comme on le verra ci-après *.　* 243.

Il n'existe, non plus, de procédé *théorique* pour diviser la circonférence en parties égales que dans le cas où le nombre des parties est, ou une puissance de 2, ou le produit d'une puissance de 2 par 3, par 5 ou par 15 (1); ainsi que nous allons l'expliquer.

240. Nous savons que tout diamètre divise la circonférence en deux parties égales * : deux diamètres perpendiculaires la divisent en quatre; en prenant la moitié des arcs, on divisera successivement la circonférence en 8, 16, 32, 64, etc., parties égales.　* 11.

241. *Le côté du carré inscrit est égal au produit du rayon par* $\sqrt{2}$.

---

(1) M. Gauss a prouvé qu'on peut aussi diviser géométriquement la circonférence en 17 parties égales, et en général en un nombre de parties marqué par 2^n+1, pourvu que ce nombre soit premier.

fig. 183.

Soient les deux diamètres perpendiculaires A B, C D, et A C le côté du carré inscrit. Le triangle A O C étant rectangle et isoscèle, on a* : $AC^2 = 2AO^2$, d'où $AC = AO \times \sqrt{2}$.

* 204.

N. B. Le côté du carré circonscrit est égal au diamètre.

242. *Le côté de l'hexagone régulier inscrit est égal au rayon.*

fig. 184.

Soit A B le côté de l'hexagone régulier inscrit. Le triangle A O B est équilatéral, car l'angle au sommet O vaut $\frac{4}{6} = \frac{2}{3}$ d'un droit ; les deux autres angles A et B valent en somme $\frac{4}{3}$ d'un droit ; et comme ils sont égaux, chacun d'eux vaut $\frac{2}{3}$ d'un droit ainsi que O.

Donc, le côté A B de l'hexagone est égal au rayon.

Cela posé, pour diviser la circonférence en 6 parties égales, on prendra successivement des arcs A B, B C, C D,.... qui aient pour cordes le rayon.

On obtiendra $\frac{1}{3}$ de la circonférence en prenant deux divisions pour une, et par la division des arcs en deux, on en trouvera successivement $\frac{1}{12}$, $\frac{1}{24}$, $\frac{1}{48}$, etc.

243. *Trisection de l'angle droit.*

fig. 185.

Soit B un angle droit et A C son arc. Portons le rayon de l'arc de C en D : l'arc C D valant $\frac{1}{6}$ de la circonférence* ou 60°, et l'arc C A valant 90°, la différence A D vaudra $90° - 60° = 30°$: donc $AD = \frac{1}{3}AC$, et l'angle $ABD = \frac{1}{3}ABC$.

* 242.

244. *Le coté du triangle équilatéral inscrit est égal au produit du rayon par $\sqrt{3}$.*

fig. 186.

En effet, en portant le rayon du cercle de A en B et de B en C, l'arc A B C vaut $\frac{1}{3}$ de la circonférence: donc sa corde A C est le côté du triangle équilatéral inscrit.

Joignant O A , O B , O C , la figure A B C O est un losange ; et la diagonale A C , où *le côté du triangle équilatéral inscrit, est perpendiculaire sur le milieu du rayon* O B qui est l'autre diagonale du losange *.   * 165.

Cela posé, le triangle O D A rectangle en D donne $AD^2 = OA^2 - OD^2$; mais $AD = \frac{1}{2}AC$: donc $AD^2 = \frac{1}{4}AC^2$: de même $OD = \frac{1}{2}OA$: donc $OD^2 = \frac{1}{4}OA^2$ et substituant : $\frac{1}{4}AC^2 = OA^2 - \frac{1}{4}OA^2 = \frac{3}{4}OA^2$ ou $AC^2 = 3OA^2$, d'où enfin $AC = OA \times \sqrt{3}$, c. q. f. d.

245. *Le côté du triangle équilatéral circonscrit est double du côté du triangle équilatéral inscrit.*

Le côté du triangle équilatéral circonscrit s'obtient fig. 186. en menant par le point B la tangente E F. Or, à cause de O D = 2 O B, on a E F = 2 A C. c. q. f. d.

246. *Le côté du décagone régulier inscrit est égal au plus grand segment du rayon coupé en moyenne et extrême raison* *.   * 211.

Soit A B le côté du décagone régulier ; dans le tri- fig. 187. angle A O B , l'angle O , du sommet , valant $\frac{4}{10} = \frac{2}{5}$ d'un droit, les angles à la base valent ensemble $\frac{8}{5}$ d'un droit ; et comme le triangle est isoscèle, chacun de ces angles est double de l'angle O. Menant la bissectrice B D de l'un de ces angles, le triangle O D B est isoscèle, et par suite le triangle D B A est aussi isoscèle : donc A B = B D = O D ; et il reste à démontrer que O D est le plus grand segment du rayon coupé en moyenne et extrême raison. A cause de la bissectrice B D on a *   * 190.

$$OB : AB :: OD : DA$$

et comme O B = O A et A B = O D, en remplaçant :

$$OA : OD :: OD : DA, \text{ c. q. f. d.}$$

Ainsi pour diviser la circonférence en 10 parties

égales on prendra successivement des arcs ayant pour cordes le plus grand segment O D du rayon coupé en moyenne et extrême raison.

On obtiendra $\frac{1}{5}$ de la circonférence en prenant deux divisions pour une, et on en trouvera successivement $\frac{1}{20}$, $\frac{1}{40}$, $\frac{1}{80}$.... par la division des arcs en deux.

N. B. Si l'on porte le rayon du cercle de A en C, l'arc A C est $\frac{1}{6}$ de la circonférence * ; et A B en étant $\frac{1}{10}$, la différence B C en sera $\frac{1}{6}-\frac{1}{10}=\frac{1}{15}$. Connaissant ainsi $\frac{1}{15}$ de la circonférence ; par la division des arcs en deux, on en trouvera successivement $\frac{1}{30}$, $\frac{1}{60}$, $\frac{1}{120}$.....

247. *Les circonférences sont entre elles comme leurs rayons ou comme leurs diamètres.*

Supposons qu'on inscrive ou circonscrive à deux circonférences des polygones réguliers d'un même nombre de côtés : ces polygones étant semblables *, leurs périmètres seront dans le rapport des rayons des deux circonférences *.

Cela aura lieu quel que soit le nombre des côtés des polygones ; par conséquent cela aura lieu si l'on suppose ce nombre de côtés infiniment grand. Mais alors les périmètres des polygones se confondront avec les circonférences. Donc ces circonférences sont dans le rapport de leurs rayons, et par suite dans le rapport de leurs diamètres. En d'autres termes :

Le rapport de la circonférence à son diamètre est un nombre constant.

248. *Le rapport de la circonférence à son diamètre est un nombre compris entre 3 et 4.*

Car le périmètre de l'hexagone régulier inscrit à la circonférence est égal à 6 fois le rayon ou à 3 fois le

diamètre*, et ce périmètre est plus petit que la circonférence. Le périmètre du carré circonscrit à la circonférence est égal à 4 fois le diamètre, et ce périmètre est plus grand que la circonférence : ainsi la
circonférence contient plus de 3 fois et moins de 4
fois son diamètre.

On a démontré que le rapport de la circonférence au
diamètre est *incommensurable* ; mais on peut calculer
ce rapport à tel degré d'approximation que l'on veut,
et par deux méthodes différentes : 1° *en cherchant la
longueur d'une circonférence dont on se donne le rayon* ;
2° *en cherchant le rayon d'une circonférence dont on se
donne la longueur.*

C'est cette dernière méthode que nous allons
exposer.

249. *Connaissant le périmètre et les rayons du cercle
inscrit et du cercle circonscrit à un polygone régulier,
trouver les rayons du cercle inscrit et du cercle circonscrit à un polygone régulier de même périmètre et d'un
nombre double de côtés.*

Soit A B le côté d'un polygone régulier donné, et
C son centre ; C A le rayon du cercle circonscrit, et
C D le rayon du cercle inscrit. Prolongeons C D d'une
quantité C C' égale à C A, et joignons C' A.

Du point C abaissons sur C' A une perpendiculaire
C A', et par le point A' milieu de C' A menons A'B'
parallèle à A B.

A cause de C C'=C A, le triangle A C C' est isoscèle,
et l'angle extérieur A C D est double de l'intérieur
A C' C* : donc l'angle A'C'B', moitié de l'angle au
centre A C B du polygone régulier donné, est l'angle au

* 242.

fig. 188.

* 132.

centre d'un nouveau polygone régulier qui a 2 fois plus de côtés. Mais le côté A'B' de ce polygone est moitié du côté A B du premier, comme parallèle menée à la base du triangle A C'B par le milieu A' du côté C'A ; par conséquent le nouveau polygone a même périmètre que le premier.

Le rayon du cercle inscrit à ce nouveau polygone est C' D' et le rayon du cercle circonscrit C'A'.

Cela posé, connaissant C D que nous représenterons par r et C A que nous représenterons par R, cherchons à déterminer C' D' que nous représenterons par r' et C'A' que nous représenterons par R'.

On a $r' = C'D' = \frac{1}{2}C'D$. Mais $C'D = C'C + CD = R + r$: donc $r' = \frac{1}{2}(R + r)$.

Dans le triangle rectangle C A'C', le côté de l'angle droit $C'A' = R'$ est moyen proportionnel entre l'hypoténuse $CC' = R$ et le segment adjacent $C'D' = r'$; donc $R' = \sqrt{R \times r'}$.

250. *Calcul du rapport de la circonférence au diamètre.*

Supposons un carré dont le côté ait une unité de longueur ; le périmètre en aura 4 ; le rayon du cercle inscrit sera $\frac{1}{2}$; et le rayon du cercle circonscrit $\frac{1}{2}\sqrt{2}$.

Évaluons ces rayons en décimales, à une approximation donnée, à 0,0000001 près, par ex ; ce qui donne :

$$r = 0,5000000 \quad R = 0,7071068$$

par les formules $r' = \frac{1}{2}(R + r)$, $R' = \sqrt{R \times r'}$ calculons les rayons des cercles inscrit et circonscrit à l'octogone régulier dont le périmètre serait 4. On trouvera :

$$r' = 0,6035534 \quad R' = 0,6532816.$$

Au moyen de ces rayons, calculons par les mêmes

formules ceux du polygone régulier de 16 côtés, dont le périmètre serait 4, et continuons ainsi de suite.

Les formules, ou l'inspection, de la figure font voir qu'en passant d'un polygone au polygone d'un nombre double de côtés, le rayon du cercle inscrit augmente tandis que le rayon du cercle circonscrit diminue; donc ces rayons différeront de moins en moins, et on finira par en trouver deux qui seront exprimés par les mêmes sept premiers chiffres décimaux, comme le montre le tableau suivant :

NOMBRE des CÔTÉS.	RAYON du CERCLE INSCRIT.	RAYON du CERCLE CIRCONSCRIT.
4	0,5000000	0,7071068
8	0,6035534	0,6532816
16	0,6284174	0,6407289
32	0,6345731	0,6576435
64	0,6361083	0,6368754
128	0,6364919	0,6366836
256	0,6365878	0,6366357
512	0,6366117	0,6366237
1024	0,6366177	0,6366207
2048	0,6366192	0,6366199
4096	0,6366195	0,6366197
8192	0,6366196	0,6366196

Ainsi pour un polygone régulier de 8192 côtés dont le périmètre aurait 4ᵐ par ex., le rayon du cercle circonscrit et le rayon du cercle inscrit ne différeraient pas de un dixmillionième de mètre, c'est-à-dire de un dixmillième de millimètre. On peut donc supposer sans erreur sensible que le périmètre de ce polygone se confond, soit avec la circonférence circonscrite, soit avec la circonférence inscrite.

Par conséquent, le rayon d'une circonférence de 4^m de longueur serait 0^{m}6366196. Ainsi on obtiendra un rapport très-approché de la circonférence au diamètre, en divisant 4 par 2$\times$0,6366196, ou 2 par 0,6366196, ce qui donne 3,141592 pour la valeur de ce rapport. On est dans l'usage de le désigner, dans les formules, par la lettre grecque π.

Par des méthodes plus expéditives on a calculé π avec 140 décimales. On a :

$$\pi = 3{,}14159265358979323846 \text{ etc.}$$

et log. $\pi = 0{,}49714987269413385435$ etc.

Archimède avait trouvé $\frac{22}{7}$, exact à 0,01 près, et Adrien Métius $\frac{355}{113}$, exact à 0,000001 près.

251. *Calculer la longueur d'une circonférence, connaissant le rayon.*

Soit R le rayon d'une circonférence et 2R son diamètre ; on a $\dfrac{\text{cir} R}{2R} = \pi$ d'où cirR$=2\pi$R.

On en déduit : log. cir R$=$log. 2$+$log. $\pi+$log. R.

Par ex., la longueur d'une circonférence qui a 2^m,45 de rayon est 3,1415...$\times$4^m,90$=$15^m,393.

252. *Trouver le rayon d'une circonférence, connaissant la longueur de cette circonférence.*

La formule cirR$=2\pi$R donne à l'inverse R$=\dfrac{\text{cir} R}{2\pi}$.

On en déduit : log. R$=$ log. cir R$-$ log. 2$-$ log π.

Par ex., le rayon d'une circonférence qui a 7^m,358 de longueur est $\dfrac{7{,}358}{2\times 3{,}1415....}=1^m{,}171$.

N. B. π est la longueur de la circonférence dont le diamètre est 1, ou dont le rayon est $\frac{1}{2}$.

Cela posé, on peut connaître immédiatement les longueurs des circonférences dont les diamètres sont 10, 100, 1000, etc., ou $\frac{1}{10}$, $\frac{1}{100}$, $\frac{1}{1000}$ etc.

Par ex., la longueur d'une circonférence de 5000^m de rayon ou de 10000^m de diamètre est 31415^m,926. La longueur d'une circonférence de 0^{m}005 de rayon ou de 0^m,01 de diamètre est 0^m,0314 etc.

253. *Calculer la longueur L d'un arc dont on connaît le rayon R et le nombre n de degrés.*

La longueur de la demi-circonférence, ou de 180° est πR. La longueur de 1° est $\dfrac{\pi R}{180}$; on a donc pour la longueur de l'arc de n degrés $L = \dfrac{\pi R n}{180}$.

A l'inverse $R = \dfrac{180 L}{\pi n}$ et $n = \dfrac{180 L}{\pi R}$.

Nouvelles formules dont la première sert à *trouver le rayon d'un arc, connaissant sa longueur et le nombre de degrés* ; et la seconde à *trouver le nombre de degrés d'un arc, connaissant sa longueur et le rayon.*

N. B. Si l'arc contient des minutes ou des secondes, on évalue n en fraction de degré.

Trouver la longueur d'un arc de 35°—18'—24" dans un cercle de 1^m,35 de rayon.

Vérifier en cherchant le nombre de degrés de l'arc.

La longueur d'un arc, pris sur une circonférence de 2^m,24 de rayon, est de 4^m,50. Trouver le nombre de degrés de l'arc.

Vérifier en cherchant le rayon.

Trouver en myriamètres la longueur du rayon de la terre.

Idem. *En lieues terrestres de 25 au degré.*

§ 19. — MESURE DES SURFACES.

254. Mesurer une surface c'est chercher combien de fois elle contient une surface prise pour unité.

On prend généralement pour unité de surface le carré qui a pour côté l'unité de longueur.

On appelle *base* d'un parallélogramme un des côtés, et *hauteur* du parallélogramme la distance de la base au côté parallèle. La base et la hauteur sont les deux *dimensions* du parallélogramme. Dans un rectangle, les deux côtés d'un même angle peuvent être pris, l'un pour base, l'autre pour hauteur.

255. *La surface d'un rectangle s'obtient en multipliant le nombre d'unités linéaires de la base par le nombre d'unités linéaires de la hauteur.*

fig. 189. Soit A B D E un rectangle et C le carré construit sur l'unité linéaire.

1° Supposons que la base et la hauteur du rectangle contiennent chacune un nombre exact de fois l'unité linéaire ; la base A B, 9 fois par ex., et la hauteur A E, 5 fois. Sur la base A B on pourra disposer les uns à la suite des autres 9 carrés égaux à l'unité C de surface ; et comme le rectangle A B D E contiendrait 5 rangées parcilles, sa surface est égale à 5×9, ou à 45 fois le carré C. c. q. f. d.

Par ex., la base étant de 9^m et la hauteur de 5^m, la surface sera de 45 mètres carrés. Si l'unité linéaire était le décimètre ou le centimètre, la surface serait de 45 décimètres carrés, ou de 45 centimètres carrés, etc.

2° Supposons que la base et la hauteur soient dans un rapport quelconque avec l'unité linéaire ; par ex., que la base soit de $9^m,3$ et la hauteur de $5^m,375$.

Prenons d'abord pour unité de longueur le millimètre ; l'unité de surface sera le millimètre carré *.   * 254.

La base du rectangle contenant 9300 millimètres et la hauteur 5375 millimètres, la surface contient 9300×5375 millimètres carrés, et il reste à évaluer cette surface en mètres carrés.

Or, le mètre carré étant un rectangle de 1000 millimètres de base et 1000 millimètres de hauteur, contient 1000×1000 millimètres carrés. Il faut donc diviser le nombre de millimètres carrés que contient la surface, ou 9300×5375, par 1000×1000, et pour cela on peut diviser chacun des facteurs par 1000. On a donc pour le nombre de mètres carrés de la surface $9,300 \times 5,375$, ou plus simplement $9,3 \times 5,375$, qui est le produit du nombre d'unités linéaires de la base par le nombre d'unités linéaires de la hauteur.

Effectuant le calcul, on trouve $49^{mc},9875$ que l'on énonce : 49 *mètres carrés*, 98 *décimètres carrés* et 75 *centimètres carrés*.

La démonstration serait la même quelque petite que fût la fraction du mètre que l'on trouverait en mesurant la base et la hauteur ; donc elle est générale.

N. B. Pour abréger le discours, au lieu de dire que l'on multiplie le nombre d'unités linéaires d'une ligne par le nombre d'unités linéaires d'une autre ligne, on dit qu'on *multiplie les deux lignes l'une par l'autre.*

Ainsi, on dit plus simplement: *la surface d'un rectangle est égale au produit de sa base par sa hauteur.*

La surface d'un carré est égale au carré du côté.

Car le carré est un rectangle dont la base et la hauteur sont égales au côté du carré.

Voilà d'où vient que le produit d'un nombre par lui-même a reçu le nom de *carré.*

256. *La surface d'un parallélogramme est égale au produit de sa base par sa hauteur.*

fig. 100.

Soit le parallélogramme A B C D qui a pour base A B et pour hauteur E F. Élevons en A et en B, sur la base, des perpendiculaires B H, A G jusqu'à la rencontre du côté opposé D C et de son prolongement. Les deux triangles rectangles B H C, A G D sont égaux, car ils ont les hypoténuses B C, A D égales, comme côtés opposés d'un même parallélogramme, et les côtés B H, A G égaux, comme mesurant la distance de deux mêmes parallèles*. Cela posé, si de la figure totale on retranche le triangle H B C, il reste le rectangle A B H G. Si on retranche le triangle A G D, il reste le parallélogramme A B C D. Donc le parallélogramme A B C D a même surface que le rectangle A B H G de même base A B et de même hauteur E F. Or, la surface du rectangle est égale à $A B \times E F$* : donc ce produit représente aussi la surface du parallélogramme, c. q. f. d.

* 53.

* 254.

Conséquences. *Deux rectangles ou deux parallélogrammes qui ont une dimension commune, sont entre eux comme l'autre dimension.*

Deux rectangles ou deux parallélogrammes qui n'ont aucune dimension commune, sont entre eux comme les produits des bases par les hauteurs.

131

On appelle *base* d'un triangle un des côtés, et *hauteur*
du triangle la perpendiculaire abaissée du sommet opposé sur la base.

Dans un triangle rectangle, les deux côtés de l'angle
droit peuvent être pris l'un pour base, l'autre pour
hauteur.

257. *La surface d'un triangle est égale à la moitié
du produit de sa base par sa hauteur.*

Soit le triangle A B C ayant A B pour base et C E   fig. 191.
pour hauteur.

Par le point C menons une parallèle au côté A B, et
par le point B une parallèle au côté A C ; nous formerons ainsi un parallélogramme A B D C de même base
A B et de même hauteur C E que le triangle A C B. Les
deux triangles A B C, B C D ayant les trois côtés égaux,
sont égaux : donc le triangle A B C est la moitié du
parallélogramme A B C D. Mais le parallélogramme a
pour mesure $AB \times CE$* : donc le triangle A B C a   * 256.
pour mesure $\frac{1}{2} AB \times CE$, c. q. f. d.

Conséquence. *La surface d'un losange est égale à la
moitié du produit des deux diagonales.*

On appelle *bases* d'un trapèze les deux côtés paral-   fig. 192.
lèles A B, C D, et *hauteur* du trapèze la distance D H
de ces deux bases.

258. *La surface d'un trapèze est égale à la moitié du
produit de la hauteur par la somme des bases.*

Soit le trapèze A B C D ayant A B et C D pour bases   fig. 192.
et D H pour hauteur.

Prolongeons l'une des bases A B d'une longueur B E
égale à l'autre base C D, et joignons D E. Les deux
triangles D C F, F B E ont : B E = C D par construction,

les angles B et C égaux comme alternes internes, et les angles E et D égaux par la même raison. Ces deux triangles étant égaux, le trapèze A B C D a la même surface que le triangle A D E, de même hauteur D H, et dont la base A E est égale à la somme A B + C D des bases du trapèze. Par conséquent, la surface du triangle et par suite la surface du trapèze est égale à $\frac{1}{2}$ D H × A E = $\frac{1}{2}$ D H × (A B + C D). c. q. f. d.

La parallèle F G menée à égale distance des deux bases est égale à la demi-somme de ces deux bases. Car dans le triangle D A E, le point G étant le milieu du côté D A, on a F G = $\frac{1}{2}$ E A = $\frac{1}{2}$ (A B + D C).

Cette parallèle est dite la *base moyenne* du trapèze.

Donc *la surface du trapèze est aussi égale au produit de la hauteur par la base moyenne.*

N. B. Au lieu de transformer le trapèze en triangle équivalent, on pourrait le transformer en rectangle ou en parallélogramme équivalent, en menant, par les points F, G des perpendiculaires aux bases, ou par un des points F, G une parallèle au côté opposé.

On obtiendrait aussi la surface du trapèze en menant une diagonale A C, prenant les surfaces des triangles A D C, C A B et ajoutant ces surfaces.

259. *Mesurer la surface d'un polygone quelconque.*

On pourrait obtenir la surface d'un polygone quelconque en décomposant ce polygone en triangles dont on calculerait séparément les aires pour en faire ensuite la somme ; mais, dans la pratique, il est plus commode de décomposer le polygone en triangles rectangles et en trapèzes rectangles. Pour cela, on abaisse de tous les sommets du polygone des perpendiculaires sur la plus grande ligne qu'on puisse inscrire dans la figure, ordinairement la plus grande diagonale.

C'est ainsi que les *arpenteurs* procèdent à la mesure de la surface des terrains.

260. ARPENTAGE. — Soit, par ex., à mesurer ou à *arpenter* un terrain qui aurait la forme du polygone ABCDEFGH. Après avoir indiqué par des signaux les divers sommets du polygone, on prend la diagonale AE, par ex., pour la ligne sur laquelle on doit abaisser les perpendiculaires. Cette ligne est dite la *base* de l'opération. Partant du point A, l'on cherche, au moyen dé l'équerre d'arpenteur, le pied K de la perpendiculaire la plus voisine BK. Laissant alors l'équerre en K, on mesure AK et KB; on indique les longueurs ainsi trouvées sur un croquis, et l'on revient en K sur la base; on enlève l'équerre, que l'on remplace par un jalon, et, cheminant sur la base, on cherche le pied L de la perpendiculaire la plus voisine LH; on mesure KL et LH, et l'on continue de même, en mesurant les divers segments de la base compris entre les perpendiculaires abaissées successivement des sommets et les longueurs de ces perpendiculaires.

N. B. On pourrait aussi mesurer les distances AK, AL, AM... du point A au pied de chaque perpendiculaire, qu'on appelle les *abscisses* des divers sommets dont les perpendiculaires BK, LH, CM... sont dites les *ordonnées*.

L'opération sur le terrain terminée, on calcule la surface des divers triangles ou trapèzes rectangles, au moyen des mesures indiquées sur le croquis, comme le montre le tableau suivant.

fig. 103.

$$\text{Surf.} \quad ABK = \tfrac{1}{2}AK \times BK \dots = 146,^{mc}4000$$
$$\text{Surf.} \ BKMC = \tfrac{1}{2}KM(BK + CM) = 215, \ 3675$$
$$\text{Surf.} \ CMPD = \tfrac{1}{2}MP(CM + DP) = 192, \ 5700$$
$$\text{Surf.} \quad DPE = \tfrac{1}{2}PE \times PD \dots = 217, \ 1400$$
$$\text{Surf.} \quad EQF = \tfrac{1}{2}EQ \times QF \dots = \ 80, \ 7700$$
$$\text{Surf.} \ FQNG = \tfrac{1}{2}QN(QF + NG) = 209, \ 8875$$
$$\text{Surf.} \ GNLH = \tfrac{1}{2}NL(NG + LH) = 370, \ 3225$$
$$\text{Surf.} \quad HLA = \tfrac{1}{2}AL \times LH \dots = 250, \ 1600$$

$$\text{Surface totale} \quad 1682,^{mc}6175$$

Ou bien : 16 ares 82^{mc}61 dc et 75 cc.

Le croquis sert aussi à construire une figure semblable à celle du terrain.

Pour cela, on trace sur le papier une ligne pour représenter la direction de la base AE; l'on prend sur cette ligne, à une échelle donnée, dès segments ak, al, am..... pour représenter AK, AL, AM.....; on élève les perpendiculaires, dans le sens indiqué par le croquis, aux points k, l, m....., et on prend sur ces perpendiculaires les longueurs kb, lh, mc..... qui déterminent les divers sommets de la figure semblable.

fig. 194.

Si l'un des côtés AH *du polygone est très-grand par rapport aux autres*; en prenant ce côté pour base, élevant en A et en H des perpendiculaires AM et HO, et abaissant des perpendiculaires de tous les autres sommets, on décompose le polygone en trapèzes, rectangles et en deux triangles ABM, HOG dont on mesure les bases et les hauteurs. Ou bien, on abaisse des perpendiculaires de tous les sommets sur la base et sur son prolongement, si la chose est possible, et, calculant la surface LBCDEFGK, on en retranche celle des deux triangles rectangles L A B, H G K.

Si l'on ne peut pas pénétrer dans l'intérieur du po- fig. 195.
lygone, on circonscrit à ce polygone un rectangle M N P Q dont on évalue la surface. Évaluant aussi celle du terrain compris entre son contour et celui du polygone, la différence fait connaître la surface du polygone.

Si le contour est terminé par des lignes courbes, on fait planter des signaux assez rapprochés pour que la partie du contour comprise entre deux de ces signaux ne diffère pas sensiblement d'une ligne droite, et l'on opère comme précédemment.

Si le contour est trop sinueux, on inscrit un po- fig. 196.
lygone rectiligne qui diffère le moins possible du polygone donné, on évalue la surface de ce polygone, et il reste à évaluer des portions du terrain telles que H M G comprises entre une courbe et une droite.

Pour cela, on prend sur la droite des points également distants et en assez grand nombre pour qu'en élevant des perpendiculaires, les portions de courbe qu'elles interceptent puissent être considérées comme des lignes droites. a étant la longueur de la division, et b, c, d, e... les longueurs des perpendiculaires, on a pour les surfaces partielles

$$\tfrac{1}{2}\,ab,\ \tfrac{1}{2}\,a\,(b+c),\ \tfrac{1}{2}\,a\,(c+d),\ \tfrac{1}{2}\,a\,(d+e),\dots$$

et pour la surface totale ;

$$\tfrac{1}{2}\,a\,(2b+2c+2d+\dots)=a\,(b+c+d+\dots),$$

c'est-à-dire *le produit de la longueur d'une division de la droite par la somme des perpendiculaires abaissées sur cette droite.*

Si la surface comprise entre la droite et la courbe est peu considérable, il suffit d'élever une perpendiculaire R S d'une longueur telle que le triangle C S D soit équivalent, à vue d'œil, à la surface cherchée, et l'on multiplie C D par $\frac{1}{2}$ R S.

fig. 197.   261. Il existe plusieurs méthodes pour évaluer les surfaces limitées par des courbes. Nous nous bornerons à faire connaître celle de M. Poncelet.

Soit à déterminer l'aire comprise entre une courbe quelconque A B C.... F H K, une droite R S et deux perpendiculaires A a, K k à cette droite.

Divisons a k en un nombre pair de parties égales, en 8, par ex., et par les points de division élevons des perpendiculaires, dont le nombre sera par conséquent impair. En multipliant chaque perpendiculaire de rang pair par la distance des deux perpendiculaires de rang impair qui la comprennent, et faisant la somme des produits, on a une surface plus grande que celle que l'on cherche ; car, menant la tangente en B, le produit B b $\times$ a c est la surface du trapèze a L M c plus grande que celle du trapèze mixtiligne a A B C c. Ainsi la surface cherchée est plus petite que

$$S = 2 a b \left(B b + D d + F f + H h \right),$$

expression dans laquelle n'entrent que les perpendiculaires de rang pair.

La surface cherchée est, au contraire, plus grande que la somme des aires des trapèzes ayant pour bases les deux premières et les deux dernières perpendiculaires et les perpendiculaires successives de rang pair ; car tous ces trapèzes sont inscrits dans la surface cherchée. Appelant s la somme de ces aires, on a

$$s = \tfrac{1}{2}ab\,(\,Aa + Bb\,) + \tfrac{1}{2}ab\,(\,Hh + Kk\,) + ab\,(\,Bb + 2Dd + 2Ff + Hh\,),$$ ou, ajoutant et retranchant, en même temps, $\tfrac{1}{2}ab(\,Bb + Hh\,)$

$$s = \tfrac{1}{2}ab\,(\,Aa - Bb\,) + \tfrac{1}{2}ab\,(\,Kk - Hh\,) + S.$$

En prenant pour la surface cherchée la demi-somme de S et s, on a pour valeur approchée de cette surface

$$X = S + \tfrac{1}{4}ab\,(\,Aa + Kk\,) - \tfrac{1}{4}ab\,(\,Bb + Hh\,),$$

c'est-à-dire *le produit de la distance de deux perpendiculaires successives par le double de la somme des perpendiculaires de rang pair , augmentée de $\tfrac{1}{4}$ de la somme des perpendiculaires extrêmes , et diminuée de $\tfrac{1}{4}$ de la somme des perpendiculaires immédiatement voisines des extrêmes.*

N. B. La formule subsisterait encore si la courbe était convexe vers la droite RS, au lieu d'être concave, comme nous l'avons supposé.

Si la courbe était sinueuse, ou présentait des points d'*inflexion* , on abaisserait des perpendiculaires des points extrêmes et des points d'inflexion ; on évaluerait séparément, comme on vient de l'indiquer, les surfaces comprises entre les perpendiculaires successives, et on en ferait ensuite la somme.

La limite de l'erreur est la demi-différence entre S et s ou

$$\tfrac{1}{4}ab\,(\,Bb + Hh\,) - \tfrac{1}{4}ab\,(\,Aa + Kk\,);$$

on peut l'obtenir sur la figure ; car $Bb + Hh = 2Ne$ et $Aa + Kk = 2Oe$; ainsi la limite de l'erreur est $\tfrac{1}{2}ab \times NO$. On voit qu'on peut la déterminer à l'avance, dès que les perpendiculaires sont tracées , ce qui permet de juger si leur nombre est suffisant.

262. *La surface d'un polygone régulier est égale au*

138

produit de son périmètre par la moitié du rayon du cercle inscrit.

Soit le polygone régulier A B C D..., et O son centre. Menons des rayons à tous les sommets : la surface du polygone est égale à la somme des surfaces des triangles A O B, B O C, C O D.... Chaque triangle a pour mesure le produit du côté qui lui sert de base par la moitié du rayon OI du cercle inscrit, qui est la hauteur commune de tous les triangles* : donc le polygone a pour mesure la somme des côtés, ou le périmètre, multiplié par la moitié du rayon du cercle inscrit.

N. B. La surface s'obtient évidemment de même si le polygone, sans être régulier, est circonscrit à la circonférence. De là cette conséquence :

Les surfaces des polygones circonscrits à un même cercle sont dans le même rapport que les périmètres de ces polygones.

263. *La surface d'un cercle est égale au produit de la longueur de sa circonférence par la moitié du rayon, ou au produit du rapport de la circonférence au diamètre par le carré du rayon.*

Circonscrivons au cercle un polygone régulier, soit P le périmètre et S la surface. R étant le rayon du cercle, on a*

$$S = P \times \tfrac{1}{2} R.$$

Or, cette égalité a lieu quel que soit le nombre des côtés du polygone ; par conséquent elle aura lieu si le nombre des côtés devient infiniment grand. Mais alors le périmètre du polygone se confond avec la circonférence et la surface du polygone avec celle du cercle : donc

$$\text{Cercle } R = \text{circ. } R \times \tfrac{1}{2} R.$$

Or, nous avons vu * que cir. R$=2\pi$R. En substi-   * 251. tuant, on a aussi :

Cercle R$=2\pi$R$\times\frac{1}{2}$R , ou cercle R$=\pi$R^2.

D'où : log. cercle R $=$ log. $\pi+2$ log. R.

Cette dernière expression de la surface du cercle est la plus commode pour les calculs.

264. *Trouver le rayon d'un cercle dont on connaît la surface.*

La formule cercle R$=\pi$R^2, donne R$^2=\dfrac{\text{cercle R}}{\pi}$

et R$=\sqrt{\dfrac{\text{cercle R}}{\pi}}$;

D'où : log. R$=\frac{1}{2}$ (log. cercle R $-$ log. π).

On appelle *secteur* la partie O A M B du cercle com-   fig. 199. prise entre un arc A B et les rayons O A , O B menés aux extrémités de cet arc.

265. *La surface d'un secteur est égale à la longueur de l'arc qui lui sert de base multipliée par la moitié du rayon.*

En effet, divisons l'arc en parties égales, et par les points de division et les extrémités menons des tangentes. Soit R le rayon de l'arc, P le périmètre de la ligne polygonale circonscrite, et S la surface comprise entre cette ligne et les rayons O A , O B , nous aurons *   * 202.
$$S=P\times\tfrac{1}{2}R.$$
Et en supposant le nombre des côtés de la ligne circonscrite infini, nous en conclurons.
$$\text{Sect. O A M B}=\text{arc. A B}\times\tfrac{1}{2}R.$$
N. B. Soit N le nombre de degrés de l'arc ; arc A B$=\dfrac{\pi\,\text{R N}}{180}$ * ; et substituant, sect O A M B$=\dfrac{\pi\,\text{R}^2\,\text{N}}{360}$;   * 253.

formule au moyen de laquelle on pourra déterminer une de ces trois choses, *la surface d'un secteur, le rayon* ou *le nombre de degrés de son arc*, lorsqu'on connaîtra les deux autres.

fig. 199. On appelle *segment* la portion A M B de cercle comprise entre un arc A B et sa corde.

266. Pour trouver la surface d'un segment, il faut calculer celle du secteur O A M B, qui a pour base l'arc A B, et en retrancher celle du triangle A O B.

267. *Le rapport de la circonférence au diamètre est le même que celui de la surface du cercle au carré du rayon.*

* 251. Nous avons vu * que $\dfrac{\text{cir. R}}{2\,\text{R}} = \pi$, et nous venons de

* 263. voir * que cercle $\text{R} = \pi\,\text{R}^2$, d'où $\dfrac{\text{cer. R}}{\text{R}^2} = \pi$: donc

$$\frac{\text{cir. R}}{2\,\text{R}} = \frac{\text{cercle R}}{\text{R}^2}.$$

D'après cela, on pourrait trouver aussi le nombre π, soit en cherchant la surface d'un cercle d'un rayon connu, soit en cherchant le rayon d'un cercle d'une surface connue.

Ces deux méthodes sont exposées dans la géométrie de Legendre. (Livre IV, prop. XIV et XVI.)

§ 20. — PROPRIÉTÉS ET TRANSFORMATION DES SURFACES.

Nous avons déduit les propriétés du triangle rec-
* 201. tangle de la considération des triangles semblables * ; mais comme ces propriétés sont d'une haute importance, nous croyons qu'il ne sera pas inutile de les déduire directement de la considération des aires.

268. Soit ABC un triangle rectangle. Après avoir construit des carrés sur chacun des côtés, abaissons du sommet de l'angle droit sur l'hypoténuse la perpendiculaire BE, qui, prolongée, partage le carré de l'hypoténuse en deux rectangles, AF, CF.

Le rectangle AF est équivalent au carré de AB, et le rectangle CF est équivalent au carré de BC.

En effet, joignons DC et BG. Les deux triangles DAC, BAG ont AD=AB, AC=AG, comme côtés d'un même carré, et les angles compris DAC, BAG égaux, comme formés chacun d'un angle droit et du même angle BAC : donc ces triangles sont égaux.

Mais le triangle DAC ayant sa base et sa hauteur égales au côté du carré construit sur AB, est équivalent à la moitié de ce carré. Et le triangle BAG ayant les mêmes dimensions que le rectangle AF, est équivalent à la moitié de ce rectangle : donc le carré de AB est équivalent au rectangle AF.

On démontrerait de même que le carré de BC est équivalent au rectangle CF : or, les deux rectangles AF et CF font en somme le carré construit sur l'hypoténuse AC : donc *le carré construit sur l'hypoténuse d'un triangle rectangle est égal à la somme des carrés construits sur les deux autres côtés.*

Conséquences. Le carré de AB ayant même surface que le rectangle AF, on a

$$AB^2 = AC \times AE, \text{ d'où } AC:AB::AB:AE.$$

Le carré de BC ayant même surface que le rectangle CF, on a

$$BC^2 = AC \times CE, \text{ d'où } AC:BC::BC:CE.$$

Ainsi, *chaque côté de l'angle droit est moyen proportionnel entre l'hypoténuse entière et le segment adjacent.*

Le triangle B E A rectangle en E donne

$$BE^2 = AB^2 - AE^2. \text{ Or, } AB^2 = AC \times AE.$$

Donc $BE^2 = AC \times AE - AE^2 = AE (AC - AE)$; et à cause de $AC - AE = CE$ on a :

$$BE^2 = AE \times CE, \text{ d'où } AE : BE :: BE : CE.$$

Ainsi *la perpendiculaire abaissée du sommet de l'angle droit d'un triangle rectangle est moyenne proportionnelle entre les deux segments de l'hypoténuse.*

La proposition du carré de l'hypoténuse n'est qu'un cas particulier de la proposition suivante.

fig. 201.

269. *Sur les deux côtés de l'angle droit d'un triangle rectangle* ABC *construisons deux parallélogrammes quelconques* BCDE, ABFG ; *prolongeons les côtés* DE, GF *de ces parallélogrammes jusqu'à leur rencontre en* H ; *joignons* HB, *rencontrant l'hypoténuse en* K *et prolongeons cette ligne d'une quantité* KL = BH ; *je dis que tout parallélogramme construit sur l'hypoténuse* AC *et dont le côté parallèle à* AC *passe par le point* L *est équivalent à la somme des parallélogrammes construits sur les deux côtés de l'angle droit.*

Tous les parallélogrammes construits sur l'hypoténuse AC, étant compris entre les mêmes parallèles AC, MN, sont équivalents. Il suffit donc de démontrer la proposition pour le parallélogramme MACN dont le côté AM est parallèle à KL.

Prolongeant MA jusqu'à la rencontre de GH en P, le parallélogramme MK est équivalent au parallélogramme ABHP comme ayant des bases KL, BH égales par hypothèse et des hauteurs égales, puisque ces parallélogrammes sont compris entre les mêmes parallèles LH, MP. Mais le parallélogramme construit sur A B est aussi équivalent au parallélogramme A B H P comme ayant même base A B et même hauteur. Ainsi, le parallélogramme M K est équivalent au parallélogramme construit sur A B.

De même le parallélogramme N K est équivalent au parallélogramme construit sur B C, car chacun d'eux est équivalent, comme ayant même base et même hauteur au parallélogramme B C Q H.

Donc la somme des deux parallélogrammes M K, N K, ou le parallélogramme construit sur l'hypoténuse, est équivalent à la somme des parallélogrammes construits sur les deux côtés de l'angle droit.

Au lieu de construire des parallélogrammes, si l'on construit des carrés sur les côtés de l'angle droit, il est facile de voir que H B devient perpendiculaire à A C et égale à A C : ainsi le parallélogramme construit sur A C devient le carré de l'hypoténuse, ce qui ramène à la proposition précédente et conduit à une démonstration nouvelle et directe de cette proposition.

270. *Construire un carré équivalent à la somme de deux ou de plusieurs carrés.*

Soient A, B, C, D,.... les côtés de ces carrés. Construisons un triangle rectangle dont les côtés de l'angle droit soient égaux à A et à B ; l'hypoténuse O K de ce triangle sera le côté du carré égal à la somme des deux premiers carrés.

fig. 202.

Élevons sur O K une perpendiculaire K L égale à C, et joignons O L ; cette ligne sera le côté du carré égal à la somme des trois premiers carrés, et ainsi de suite.

271. *Construire un carré équivalent à la différence de deux autres carrés.*

Soient A et B les côtés des carrés donnés. Construisons un triangle rectangle qui ait pour côté de l'angle droit le côté B du plus petit carré, et pour hypoténuse le côté A du plus grand ; l'autre côté C de l'angle droit sera le côté du carré demandé.

272. *Construire un carré multiple d'un autre, par ex., sept fois plus grand qu'un autre.*

Cela revient à ajouter 7 carrés égaux ; mais on peut trouver directement le côté du carré cherché. En effet, soit A le côté du carré donné, et X le côté du carré demandé, on a $X^2 = 7A^2 = A \times 7A$, d'où $A:X::X:7A$. Ainsi *le côté du carré demandé est une moyenne proportionnelle entre le côté du carré donné et une longueur égale à sept fois ce côté.*

273. *Construire un carré qui soit une fraction d'un carré donné, par ex., les $\frac{5}{7}$ du carré de A.*

Soit X le côté du carré cherché. On a $X^2 = \frac{5}{7}A^2 = A \times \frac{5}{7}A$, d'où $A:X::X:\frac{5}{7}A$. Ainsi *le côté du carré demandé est une moyenne proportionnelle entre le côté du carré donné et les $\frac{5}{7}$ de ce côté.*

fig. 203.   274. *Les carrés des cordes AC, AD, menées par l'extrémité d'un même diamètre AB, sont entre eux comme les projections AE, AF de ces cordes sur ce diamètre.*

En effet, joignant CB et DB, les triangles ACB et ADB rectangles en C et en D donnent *

* 202.

$$AC^2 = AB \times AE \text{ et } AD^2 = AB \times AF.$$

Donc $AC^2:AD^2::AE:AF$, c. q. f. d.

275. *Trouver le rapport de deux ou de plusieurs carrés en lignes ou en nombres.*

fig. 203.   Décrivons un cercle d'un diamètre plus grand que le plus grand côté des carrés, et prenons, à partir de l'une des extrémités de ce diamètre, des cordes AD, AC égales aux côtés de ces carrés; les projections AF, AE de ces cordes sur le diamètre seront dans le rapport des carrés donnés*, et le rapport de ces projections en nombres* sera aussi le même que le rapport des carrés en nombres.

* 274.

* 8.

276. *Transformer un polygone quelconque* ABCDEF *en triangle équivalent.*

Menons la diagonale AC qui retranche du polygone le triangle ABC, et par le sommet B une parallèle à la diagonale jusqu'à la rencontre du prolongement du côté CD en G. En remplaçant le triangle ABC par son équivalent AGC, qui a même base AC et même hauteur, le polygone donné est transformé en un polygone AFEDG équivalent, et qui a un côté de moins. Opérant de même sur ce nouveau polygone, et ainsi de suite, on parviendra, quelle que soit la forme du polygone donné, à trouver le triangle équivalent EDK.

fig. 204.

N. B. On voit que les angles rentrants tels que F n'empêchent pas la transformation.

Conséquence. *Un polygone quelconque peut toujours être mesuré par le produit de deux lignes;*

Savoir : la base et la moitié de la hauteur du triangle équivalent.

277. *Transformer en carré une surface mesurée par le produit de deux lignes* A *et* B.

Soit X le côté du carré équivalent.

On a $X^2 = A \times B$, d'où $A : X :: X : B$.

Ainsi : *le côté du carré équivalent à une surface est*

une moyenne proportionnelle entre les deux lignes dont le produit mesure cette surface.

Applications. *Trouver le côté du carré équivalent à un triangle; à un parallélogramme; à un trapèze; à un polygone régulier; à un polygone quelconque.*

278. *Transformer un carré* A^2 *en une surface mesurée par le produit de deux lignes* B *et* C, *dont l'une* B *est connue.*

On a $A^2 = B \times C$, d'où $B:A::A:C$.

Ainsi : *la seconde ligne* C *est une troisième proportionnelle à la ligne donnée et au côté du carré donné.*

Applications. *Sur une ligne donnée, construire un triangle ou un parallélogramme équivalent à un carré donné.*

279. *Transformer une surface mesurée par le produit de deux lignes* A *et* B *en une autre mesurée aussi par le produit de deux lignes* C *et* D, *dont l'une* C *est connue.*

On a $A \times B = C \times D$, d'où $C:A::B:D$.

Ainsi : *la ligne cherchée* D *est une quatrième proportionnelle à la ligne donnée* C *et aux deux lignes dont le produit mesure la surface.*

Applications. *Sur une ligne donnée construire un triangle ou un parallélogramme équivalent à un polygone donné.*

280. *Construire un carré qui soit à un carré donné, dans le rapport de deux lignes ou de deux polygones.*

1° Le rapport étant celui de deux lignes M et N; soit A le côté du carré donné.

fig. 205. Sur une ligne BC, égale à la somme des lignes M et N, décrivons une demi-circonférence; élevons la perpendiculaire OD et joignons BD, DC. Dans le triangle rectangle BDC, on a :

$$DB^2:DC^2::BO:OC::m:n.$$

Cela posé, prenons une longueur DE égale à A et menons la parallèle EF à BC; DF sera le côté du carré demandé, car on a :

$$DB^2:DC^2::DE^2:DF^2 \text{ ou } M:N::A^2:DF^2.$$

2° Le rapport étant celui de deux surfaces P et Q,

$$P:Q::A^2:X^2.$$

Cherchant les côtés p, q des carrés équivalents * à P et à Q, et remplaçant ces polygones par les carrés, il vient

$$p^2:q^2::A^2:X^2, \text{ d'où } p:q::A:X.$$

*277.

Ainsi X est une quatrième proportionnelle aux trois lignes connues p, q et A.

281. *Construire un rectangle connaissant la surface et le périmètre.*

Supposons que la surface du rectangle soit égale à celle d'un polygone donné ; transformons ce polygone en carré équivalent*, et soit A le côté de ce carré. A² sera le produit des deux dimensions du rectangle, et la moitié du périmètre en sera la somme.

*277.

Cela posé, sur une ligne BC, égale à la moitié du périmètre, décrivons une circonférence. Au point C menons une tangente CD égale au côté A du carré équivalent à la surface, et par le point D une parallèle DE au diamètre. La perpendiculaire EF déterminera les deux dimensions BF, FC du rectangle cherché.

fig. 206.

N. B. Pour que le problème soit possible, on doit avoir, au plus, $A = \frac{1}{2} BC$. Ainsi le périmètre restant constant, la surface du rectangle est la plus grande possible pour $CD = \frac{1}{2} BC$. Alors le rectangle est un carré. Donc : *de tous les rectangles de même périmètre le plus grand en surface est le carré.*

282. *Construire un rectangle connaissant la surface et la différence de la base et de la hauteur.*

fig. 206.

$A = DC$ étant toujours le côté du carré équivalent, et BC étant la différence des deux dimensions ; en opérant comme précédemment, la sécante DH, menée par le centre O, détermine les deux dimensions DH, DG du rectangle.

fig. 207.

283. *La ligne AC étant divisée en deux parties AB, BC, le carré construit sur la ligne entière AC est égal au carré fait sur une partie AB, plus le carré fait sur l'autre partie BC, plus deux fois le rectangle construit sur AB et BC.*

Construisez le carré de AC, prenez $AF = AB$, menez FG parallèle à AC, et BH parallèle à AE.

Le carré ACDE sera divisé en quatre parties ; savoir : ABIF, qui est le carré fait sur AB ; IGDH, qui est le carré fait sur BC, et les deux rectangles BCGI, EFIH, qui ont chacun pour mesure $AB \times BC$. Donc, etc.

fig. 208.

284. *La ligne AC étant la différence des deux lignes AB, BC, le carré construit sur AC est égal au carré de AB, plus le carré de BC, moins deux fois le rectangle construit sur AB et BC.*

Construisez le carré de AB, et sur $EF = BC$ le carré de BC ; la figure totale sera égale à $AB^2 + BC^2$. Menant par le point C la perpendiculaire CG, et prolongeant KE jusqu'à la rencontre en D de cette perpendiculaire, les deux rectangles CBIG, GLKD ont chacun pour mesure $AB \times BC$; en les retranchant de la figure totale ou de $AB^2 + BC^2$, il en résulte la proposition énoncée.

285. *Le rectangle construit sur la somme et sur la différence de deux lignes* A B, B C *est égal à la différence des carrés de ces lignes.*   fig. 209.

Construisons le rectangle A K L E qui ait pour base la somme $AK = AB + BC$ des deux lignes, et pour hauteur leur différence $AE = AC = AB - BC$. La surface de ce rectangle sera $(AB + BC) \times (AB - BC)$.

Construisons le carré de AB, et par le point C élevons la perpendiculaire CG. Remplaçant le rectangle HK par son égal FD; le rectangle AKLE sera égal au rectangle EB, plus le rectangle FD. Or, la somme de ces deux rectangles est égale à $AB^2 - CB^2$. Donc, etc.

286. *Dans un triangle* A B C, *si l'angle* C *est aigu, le carré du côté opposé* A B *est égal à la somme des carrés des côtés qui comprennent l'angle* C, *moins deux fois le rectangle construit sur un des côtés* BC *de l'angle, et sur la projection* CD *de l'autre côté sur* BC.   fig. 210.

1° Si la perpendiculaire tombe au dedans du triangle, on a $BD = BC - CD$, par suite $BD^2 = BC^2 + CD^2 - 2BC \times CD$; ajoutant de part et d'autre le carré de la perpendiculaire AD, et observant que les triangles rectangles ABD, ADC donnent $AD^2 + BD^2 = AB^2$ et $AD^2 + DC^2 = AC^2$, on a $AB^2 = BC^2 + AC^2 - 2BC \times CD$. c. q. f. d.

2° Si la perpendiculaire AD tombe en dehors du triangle; $BD = CD - BC$, par suite $BD^2 = CD^2 + BC^2 - 2BC \times CD$; et ajoutant de part et d'autre AD^2, on a : $AB^2 = BC^2 + AC^2 - 2BC \times CD$.

287. *Dans un triangle* A B C, *si l'angle* C *est obtus, le carré du côté opposé* A B *est égal à la somme des*   fig. 211.

carrés des côtés qui comprennent l'angle , plus deux fois le rectangle construit sur un des côtés BC de l'angle et la projection CD de l'autre côté sur BC.

La perpendiculaire AD ne peut pas tomber au dedans du triangle ; car il en résulterait un triangle ayant un angle droit et un angle obtus, ce qui est impossible. Soit AD cette perpendiculaire : $BD = BC + CD$. Par suite, $BD^2 = BC^2 + CD^2 + 2BC \times CD$. Ajoutant de part et d'autre AD^2 et réduisant, il en résulte : $AB^2 = BC^2 + AC^2 + 2BC \times CD$, c. q. f. d.

fig. 212.

288. *Dans un triangle quelconque* ABC, *la somme des carrés de deux côtés est égale au double du carré de la médiane comprise* AE $+$ *le double du carré de la moitié du troisième côté* BC.

Abaissons la perpendiculaire AD sur la base BC.

* 287. Le triangle AEC, à cause de l'angle obtus E, donne*
$$AC^2 = AE^2 + EC^2 + 2EC \times ED.$$

* 286. Le triangle ABE, à cause de l'angle aigu E, donne*
$$AB^2 = AE^2 + EB^2 - 2EB \times ED.$$

Ajoutant et observant que $EB = EC$, il vient :
$$AB^2 + AC^2 = 2AE^2 + 2BE^2.\ \text{c. q. f. d.}$$

fig. 213.

* 289. *Trouver le lieu des points dont la somme des carrés des distances à deux points fixes* A *et* B *est constante et égale à un carré* K^2.

Soit M un point du lieu. On doit avoir
$$AM^2 + BM^2 = K^2.$$

* 288. C étant le milieu de AB, on a*
$$AM^2 + BM^2 = 2MC^2 + 2AC^2.$$

Donc $2MC^2 + 2AC^2 = K^2$.

Et comme AC et par suite $2AC^2$ ne varie pas, il faut que $2MC^2$ et par suite MC reste invariable.

151

Ainsi *le lieu est une circonférence ayant son centre au milieu de la distance des deux points fixes.*

Pour trouver le rayon de la circonférence on a

$$MC^2 = \tfrac{1}{2} K^2 - AC^2.$$

Donc MC est le côté d'un triangle rectangle qui a pour hypoténuse le côté du carré moitié du carré donné, et pour l'autre côté de l'angle droit $\tfrac{1}{2}$ de la distance des deux points fixes. Pour que le problème soit possible, on doit avoir $K^2 > \tfrac{1}{2} AB^2$.

* 290. *Trouver le lieu des points dont la différence des carrés des distances à deux points fixes* A *et* B *est constante et égale à un carré* K^2.

fig. 214.

Soit M un point du lieu. On doit avoir

$$AM^2 - BM^2 = K^2.$$

Abaissant du point M la perpendiculaire MD, et joignant le point M au milieu C de AB, on a :

$$AM^2 = AC^2 + MC^2 + 2AC \times CD^*,$$
$$BM^2 = AC^2 + MC^2 - 2AC \times CD^*;$$

* 287.
* 286.

et retranchant

$$AM^2 - BM^2 = 4AC \times CD = 2AB \times CD.$$

Donc $\quad 2AB \times CD = K^2$.

Or, $2AB$ ne varie pas. Donc CD doit rester invariable, *et le lieu des points est une perpendiculaire sur* AB.

Pour déterminer CD et par suite la perpendiculaire, on a :

$$2AB : K : : K : CD.$$

* 291. *Dans tout quadrilatère, la somme des carrés des diagonales est égale à la somme des carrés des côtés* $+$ *quatre fois le carré de la ligne* OE *qui joint les milieux des diagonales.*

fig. 215.

Le triangle ABD, à cause de la ligne AO qui joint le sommet au milieu de la base, donne *

$$AB^2 + AD^2 = 2AO^2 + 2BO^2.$$

Le triangle BCD, à cause de la ligne CO qui joint le sommet au milieu de la base, donne

$$BC^2 + CD^2 = 2CO^2 + 2BO^2.$$

Ajoutant et observant que $BD = 2BO$, et par suite $BD^2 = 4BO^2$; il viendra $AB^2 + AD^2 + CD^2 + BC^2 = 2AO^2 + 2CO^2 + BD^2$.

Dans le triangle AOC, si l'on joint le sommet O avec le milieu E de la base AC, on a

$$AO^2 + OC^2 = 2OE^2 + 2AE^2,$$

par suite $2AO^2 + 2OC^2 = 4OE^2 + 4AE^2 = 4OE^2 + AC^2$; à cause de $AC = 2AE$, d'où $AC^2 = 4AE^2$.

Substituant : il viendra enfin

$$AB^2 + AD^2 + CD^2 + BC^2 = BD^2 + AC^2 + 4OE^2.$$

N. B. Si le quadrilatère est un parallélogramme, les diagonales se coupent réciproquement en leurs milieux : donc *la somme des carrés des diagonales est égale à la somme des carrés des côtés*, ce qui est d'ailleurs facile à démontrer directement.

Réciproquement : *si la somme des carrés des côtés d'un quadrilatère est égale à la somme des carrés des diagonales, ce quadrilatère est un parallélogramme*; car, alors, la ligne OE étant nulle, les diagonales se coupent réciproquement en parties égales : donc le quadrilatère est un parallélogramme *.

A démontrer : *dans tout quadrilatère, la somme des carrés des diagonales est égale à deux fois la somme des carrés des lignes qui joignent les milieux des côtés opposés* *.

? 21. — RAPPORT DES SURFACES SEMBLABLES.

292. *Les surfaces des triangles semblables sont dans le rapport des carrés des côtés homologues.*

Soient les deux triangles semblables ACB, acb; menons les hauteurs CD, cd : les deux triangles rectangles ACD, acd ayant les angles A et a égaux seront semblables * et donneront la proportion

fig. 210.

* 108.

$$CD:cd::AC:ac.$$

Mais les triangles proposés étant semblables,

$$AB:ab::AC:ac;$$

et multipliant ces proportions terme à terme,

$$AB\times CD:ab\times cd::AC^2:ac^2.$$

Or, $AB\times CD=2ABC$ et $ab\times cd=2abc$.

Substituant et divisant par 2, on a :

$$ABC:abc::AC^2:ac^2. \quad \text{c. q. f. d.}$$

293. *Les surfaces des polygones semblables sont dans le rapport des carrés des côtés homologues.*

Soient les deux polygones semblables $ABCDEF$, $abcdef$. Décomposons ces polygones en un même nombre de triangles semblables chacun à chacun et semblablement disposés *.

fig. 180.

* 233.

Les surfaces des triangles semblables ABC, abc sont dans le rapport * des carrés des côtés homologues AC, ac. Les surfaces des triangles semblables ACD, acd étant dans le même rapport, on a :

* 202.

$$ABC:abc::ACD:acd.$$

De même, on a : $ACD:acd::ADE:ade,$

$$\text{et } \quad ADE:ade::AEF:aef;$$

donc $ABC:abc::ACD:acd::ADE:ade::AEF:aef.$

Faisant la somme des antécédents et des conséquents, il vient :

Surf. $ABCDE$: surf. $abcde$ :: ABC : abc ;

mais ABC : abc :: AB^2 : ab^2 ;

donc, enfin, surf. $ABCDE$: surf. $abcde$ :: AB^2 : ab^2.

294. *Les surfaces des polygones réguliers d'un même nombre de côtés sont dans le rapport des carrés des rayons des cercles inscrits ou circonscrits.*

Car les polygones réguliers d'un même nombre de côtés étant semblables*, leurs surfaces sont dans le rapport des carrés des côtés* : mais les côtés sont dans le rapport des rayons des cercles inscrits ou circonscrits : par suite les carrés des côtés sont dans le rapport des carrés de ces rayons : donc, etc.

295. *Les surfaces des cercles sont dans le rapport des carrés des rayons.*

Inscrivons ou circonscrivons aux cercles des polygones réguliers d'un même nombre de côtés, et par conséquent semblables*, les surfaces de ces polygones étant dans le rapport des carrés des rayons des cercles*, et quel que soit le nombre des côtés des polygones ; cela aura encore lieu si le nombre des côtés devient infiniment grand ; mais alors les polygones se confondraient avec les cercles ; donc, etc.

On peut démontrer cette proposition directement, ainsi qu'il suit : R et R' étant les rayons, et S et S' les surfaces de deux cercles, on a*

$$S = \pi R^2 \quad S' = \pi R'^2 ;$$

d'où $S : S'$ :: $\pi R^2 : \pi R'^2$ ou :: $R^2 : R'^2$.

296. *Trouver le rapport de deux ou de plusieurs polygones en lignes ou en nombres.*

* 236.
* 293.
* 236.
* 294.
* 203.

On transformera ces polygones en carrés équivalents, et le problème sera ramené à trouver le rapport de ces carrés en lignes ou en nombres *.

                                                    * 275.

297. *Si, sur les trois côtés d'un triangle rectangle, on construit trois figures semblables, la figure construite sur l'hypoténuse sera égale à la somme des figures construites sur les côtés de l'angle droit.*

Car les surfaces de ces figures seront dans le rapport dès carrés des côtés du triangle rectangle*.

                                                    * 268.

Si sur les trois côtés d'un triangle rectangle, comme diamètres, on décrit des demi-cercles, le demi-cercle décrit sur l'hypoténuse sera égal à la somme des demi-cercles décrits sur les côtés de l'angle droit.

Car les surfaces de ces demi-cercles sont dans le rapport des carrés des rayons et par suite dans le rapport des carrés des diamètres, c'est-à-dire dans le rapport des carrés des côtés du triangle rectangle.

Retranchons les parties A P C, B Q C communes au demi-cercle décrit sur l'hypoténuse et aux demi-cercles décrits sur les côtés de l'angle droit ; il reste d'un côté le triangle A B C, et de l'autre les deux *lunules* A P C M, B Q C N : donc la somme des surfaces de ces deux lunules est équivalente à la surface du triangle.

                                                    fig. 217.

Cette propriété remarquable a été trouvée par Hippocrate, dont ces lunules portent le nom.

298. *Construire un polygone semblable à un polygone donné, et ayant avec ce polygone un rapport donné.*

Soit A un des côtés du polygone donné, le problème consiste à trouver le côté homologue *a* du polygone semblable *.

                                                    * 238.

Or, le rapport des surfaces des polygones semblables étant le même que celui des carrés des côtés homologues*, la recherche du côté a se ramène à construire un carré qui soit dans un rapport donné avec le carré de A, ce que nous savons faire.

Applications. *Construire un polygone semblable à un polygone donné et qui en soit les $\frac{3}{7}$ en surface.*

On cherchera le côté a d'un carré qui soit les $\frac{3}{7}$ du carré d'un côté A du polygone donné*, et sur a homologue de A on construira un polygone semblable au polygone donné.

Construire un polygone semblable à un polygone donné, et qui soit à ce polygone dans le rapport de deux lignes M et N.

On cherchera le côté a d'un carré qui soit au carré d'un côté A du polygone comme M:N*, et sur a homologue de A on construira un polygone semblable au polygone donné.

Construire un polygone semblable à un polygone donné P et qui soit à ce polygone dans le rapport de deux autres polygones donnés Q et R.

On aura : $Q:R::A^2:a^2$, et transformant Q et R en carrés équivalents* dont les côtés seraient q, r, il viendra

$$q^2:r^2::A^2:a^2, \text{ d'où } q:r::A:a.$$

Ainsi a sera une quatrième proportionnelle aux trois lignes connues q, r et A.

Construire un polygone semblable à un polygone donné P et qui soit à un autre polygone donné Q dans le rapport de deux autres polygones R et S.

Désignant par X la surface du polygone demandé et par a le côté de ce polygone homologue du côté A du polygone P, on aura* :

157

$$P:X::A^2:a^2.$$

Mais on doit aussi avoir

$$X:Q::R:S.$$

Multipliant ces proportions terme à terme , et supprimant le facteur commun X, dans le premier rapport, il viendra

$$P:Q::R\times A^2:S\times a^2.$$

Transformant les polygones P, Q, R, S en carrés équivalents *, désignant les côtés de ces carrés par p, q, r, s, remplaçant et extrayant la racine carrée :

* 277.

$$p:q::r\times A:s\times a.$$

Transformant enfin le rectangle $r\times A$ en un autre qui ait pour base la ligne connue s *, et désignant par h la hauteur, la proportion deviendra

* 279.

$$p:q::s\times h:s\times a, \text{ ou } p:q::h:a.$$

Ainsi, *a* est une quatrième proportionnelle aux trois lignes connues p, q et h.

Construire un polygone semblable à un polygone P *et équivalent à un polygone* Q.

Construire un polygone semblable à un polygone P *et dont la surface soit les $\frac{3}{7}$ de celle d'un polygone* Q.

Construire un polygone régulier dont la surface soit les $\frac{5}{6}$ de celle d'un polygone donné.

Construire un polygone régulier qui soit égal à la somme ou à la différence de deux autres.

* 299. *Partager un triangle* ABC *en parties égales par des parallèles à un des côtés* BC.

Les diverses parallèles donnent des triangles semblables à ABC et déterminent sur le côté AB, par ex., des segments qui sont les côtés homologues de AB.

fig. 218.

Donc les carrés de ces segments sont des fractions connues du carré de A B; par suite il est facile de trouver les longueurs de ces segments, qui déterminent les positions des parallèles successives.

Soit proposé, par ex., de partager le triangle en cinq parties égales. Les carrés des segments successifs sont égaux à $\frac{1}{5}AB^2$, $\frac{2}{5}AB^2$, $\frac{3}{5}AB^2$, $\frac{4}{5}AB^2$. Il faut donc chercher des moyennes proportionnelles entre AB et $\frac{1}{5}AB$, $\frac{2}{5}AB$, $\frac{3}{5}AB$, $\frac{4}{5}AB$. De là résulte cette construction.

Décrivez sur A B comme diamètre une circonférence; divisez A B en cinq parties égales; par les points de division élevez des perpendiculaires et joignez AD, A E, A F, A G. Portez ensuite ces longueurs sur A B à partir du point A, et menez par les points H, K, L, M, ainsi déterminés, des parallèles à B C.

Partager un triangle A B C par une parallèle à un côté en parties qui soient dans le rapport : 1° de deux nombres; 2° de deux lignes; 3° de deux polygones.

* 300. *Partager un trapèze en deux parties égales par une parallèle aux bases.*

fig. 219. Soit X la longueur de la parallèle cherchée et B, b les bases du trapèze. En supposant les côtés non parallèles prolongés jusqu'à leur rencontre, on a trois triangles semblables dont les côtés homologues sont B, X, b. Les surfaces de ces triangles sont donc dans le rapport de B^2, X^2, b^2; par suite les surfaces des deux parties du trapèze, que détermine la parallèle X, sont dans le rapport de B^2-X^2 et X^2-b^2. Or, on doit avoir

$$B^2-X^2=X^2-b^2, \text{ d'où } X^2=\tfrac{1}{2}(B^2+b^2).$$

Ainsi la longueur X de la ligne de division est le côté d'un carré égal à la demi-somme des carrés des deux bases du trapèze, d'où résulte cette construction.

Sur l'hypoténuse C D d'un triangle rectangle ayant pour côtés de l'angle droit les deux bases du trapèze, décrivez une demi-circonférence ; élevez par le centre la perpendiculaire O E ; prenez D F$=$D E, et par le point F menez la parallèle F K qui déterminera le point par lequel il faut mener la parallèle X.

Partager le trapèze en deux parties qui soient dans le rapport de m à n.

La ligne X de division se détermine par la proportion

$$B^2 - X^2 : X^2 - b^2 :: m : n :$$

D'où $X^2 = \dfrac{n}{m+n} B^2 + \dfrac{m}{m+n} b^2.$

Ainsi il faut chercher : 1° le côté d'un carré qui soit au carré de B dans le rapport de n à n$+$m ; 2° le côté d'un carré qui soit au carré de b dans le rapport de m à m$+$n ; 3° construire un triangle rectangle avec les deux côtés de ces carrés. L'hypoténuse sera la longueur de la ligne de division X.

N. B. m et n peuvent être des nombres, des lignes ou des polygones.

Partager le trapèze en parties égales par des parallèles aux bases.

Partager le trapèze, par ex., en cinq parties égales. Pour cela, on partagera successivement le trapèze en deux parties qui soient dans le rapport de 1 à 4, de 2 à 3, de 3 à 2 et de 4 à 1, et il sera facile de trouver, par une même construction, les diverses longueurs des parallèles successives.

301. *Décrire un cercle qui soit à un cercle donné dans un rapport donné.*

Les surfaces des cercles étant entre elles comme les carrés des rayons*, la recherche du rayon du cercle demandé se ramène à construire un carré qui soit dans un rapport donné avec le carré du rayon du cercle.

Applications. Tracer un cercle trois fois plus grand qu'un cercle donné.

Tracer un cercle qui soit les $\frac{5}{7}$ d'un cercle donné.

Diviser un cercle en parties égales par des circonférences concentriques.

Tracer un cercle qui soit à un cercle donné dans le rapport : 1° de deux lignes, 2° de deux polygones.

Décrire un cercle égal à la somme ou à la différence de deux autres ; égal à la somme de plusieurs autres.

Décrire un cercle dont la surface soit moyenne arithmétique ou moyenne géométrique entre les surfaces de deux autres.

Décrire un cercle concentrique à un cercle donné et tel que la surface de la couronne soit moyenne arithmétique ou moyenne géométrique entre celles des deux cercles.

* 302. *Diviser un cercle en parties ayant à la fois même contour et même surface.*

Soit AB le diamètre d'un cercle et C un point quelconque pris sur ce diamètre. Sur AC, en dessus, décrivons la demi-circonférence ANC, et sur CB, en dessous, la demi-circonférence CPB.

La ligne courbe $ANCPB = \frac{1}{2}$ cir. $AC + \frac{1}{2}$ cir. $CB = \frac{1}{2}\pi AC + \frac{1}{2}\pi CB = \frac{1}{2}\pi(AC + CB) = \frac{1}{2}\pi AB = AMB$. Donc le contour de la partie S du cercle, comprise entre

AMB et ANCPB, est égal à la longueur de la circonférence donnée.

On a $S = \frac{1}{2}$ cercle AB$-\frac{1}{2}$ cercle AC$+\frac{1}{2}$ cercle CB;
ou $S = \frac{1}{8}\pi(AB^2 - AC^2 + CB^2)$.

A cause de $AB = AC + CB$, d'où $AB^2 = AC^2 + CB^2 + 2AC \times CB$, il vient en substituant
$$S = \frac{1}{8}\pi(2CB^2 + 2AC \times CB) = \frac{1}{4}\pi CB(CB + AC);$$
$$\text{Ou enfin } S = \frac{1}{4}\pi CB \times AB.$$
$$\text{Or, cercle } AB = \frac{1}{4}\pi AB^2; \text{ donc}$$
$$S : \text{cercle } AB :: CB : AB.$$

Par conséquent, si $CB = \frac{1}{4}AB$, par ex., la surface S sera $\frac{1}{4}$ de celle du cercle. Ainsi, en divisant le diamètre en parties égales, décrivant sur les divers segments, au-dessus du diamètre, des demi-circonférences, et sur les segments qui restent décrivant, en dessous du diamètre, de nouvelles demi-circonférences, le cercle se trouvera divisé en parties qui auront à la fois même contour et même surface.

Fin de la Géométrie plane.

GÉOMÉTRIE DE L'ESPACE.

§ 22. — DES PERPENDICULAIRES ET DES OBLIQUES DANS L'ESPACE.

*3. Nous avons défini le *plan* * une surface sur laquelle une ligne droite peut s'appliquer dans tous les sens, de telle sorte que, dès qu'elle passe par deux points quelconques pris dans le plan, elle y soit tout entière ; ainsi : *une droite ne saurait être en partie dans un plan et en partie au dehors.*

303. *Trois points, non en ligne droite, sont dans un même plan et déterminent la position de ce plan.*

En effet, joignons deux de ces points par une ligne droite ; concevons un plan où se trouve cette droite, et faisons tourner le plan autour de la droite jusqu'à ce qu'il rencontre le troisième point. La position du plan sera alors invariable, à moins qu'il ne cesse de passer par un des trois points.

Un angle et généralement deux droites qui se coupent déterminent un plan ; celui qui passerait par le point d'intersection des deux droites et un point pris sur chacune d'elles.

Deux parallèles déterminent aussi un plan ; car, *63. d'après leur définition *, deux parallèles sont situées sur un même plan.

304. *Deux plans se rencontrent (ou se coupent) suivant une ligne droite.*

Car si parmi les points communs aux deux plans il en existait trois qui ne fussent pas en ligne droite, les deux plans, passant chacun par ces trois points, se confondraient en un seul *.

* 303.

Une droite est dite *perpendiculaire à un plan* lorsqu'elle est perpendiculaire à toutes les droites tracées par son pied dans le plan. Réciproquement, le plan *est dit perpendiculaire* à la droite.

305. *Une droite* BA *perpendiculaire à deux droites* AD, AC, *tracées par son pied dans le plan* MN, *est perpendiculaire à toute autre droite* AE *tracée par son pied dans ce plan.*

fig. 221.

Pour le démontrer, menons dans le plan MN, la droite CD qui coupe les trois droites AD, AC, AE; prolongeons BA, en dessous du plan, d'une quantité égale AF; et joignons BC et CF. La droite CA étant perpendiculaire sur le milieu de BF (dans le plan du triangle BCF), les deux obliques BC, CF sont égales *. Joignant de même BD et DF, la droite DA étant perpendiculaire sur le milieu de BF (dans le plan du triangle BDF), les deux obliques BD, DF sont aussi égales. Donc les deux triangles BCD, DCF ayant les trois côtés égaux, sont égaux ; et en les superposant, les obliques BE, EF se superposeront aussi, et seront égales. Par conséquent, le triangle BEF est isocèle, et la droite EA, qui joint le sommet E avec le milieu B de la base BF, est perpendiculaire sur cette base * : donc l'angle BAE est aussi droit, c. q. f. d.

* 45.

* 136.

306. *Par un point* A, *pris hors d'un plan* MN, *on ne peut abaisser qu'une seule perpendiculaire* AB *sur ce plan.*

fig. 222.

Car, si on pouvait en abaisser une autre, A C, par ex., en joignant BC, les deux droites AB, AC étant perpendiculaires au plan, le seraient à la droite BC tracée par leur pied dans le plan, et le triangle ABC aurait deux angles droits, ce qui est impossible.

fig. 223. **307.** *Par un point* A, *pris sur un plan* MN, *on ne peut élever qu'une seule perpendiculaire* AB *à ce plan.*

Car, si on pouvait en élever une autre AC, en menant le plan de l'angle BAC, qui rencontrerait le plan MN suivant une droite DE* (* 304.), les deux perpendiculaires AB, AC au plan MN seraient perpendiculaires à la droite DE tracée par leur pied dans ce plan ; et alors, par un point A d'une droite, on pourrait élever, dans un même plan, (celui de l'angle BAC), deux perpendiculaires à cette droite, ce qui est impossible.

308. *Par un point d'une droite on peut élever, dans l'espace, une infinité de perpendiculaires à cette droite.*

En effet, par la droite on peut faire passer une infinité de plans, et élever dans chacun de ces plans une perpendiculaire à la droite.

On démontrera facilement que *toutes ces perpendiculaires se trouvent dans un même plan, mené par le point, perpendiculairement à la droite.*

309. *Par un point pris hors d'une droite on ne peut, dans l'espace, comme sur un plan, abaisser qu'une seule perpendiculaire sur cette droite.*

* 303. Car la droite et le point déterminent un plan * dans lequel doit se trouver la perpendiculaire : donc elle est unique.

fig. 224. **310.** *La perpendiculaire* B A, *abaissée d'un point* B *sur un plan* MN, *est la plus courte distance de ce point* *au plan*; ou, en d'autres termes, *la perpendiculaire* **BA** *est plus courte que toute oblique* **BC**.

En effet, joignant **AC**, le triangle **BAC** étant rectangle en **A**, le côté **BA** de l'angle droit est plus court que l'hypoténuse **BC**.

311. *Les obliques* **BC**, **BD** *qui s'écartent également du pied de la perpendiculaire* **BA**, *au plan* **MN**, *sont égales*.

fig. 224.

Car les triangles rectangles **BAD**, **BAC** ont les côtés de l'angle droit égaux : donc les hypoténuses, ou les obliques **BC** et **BD**, sont égales.

N. B. *Par un point* **B**, *pris hors d'un plan* **MN**, *on peut mener une infinité d'obliques égales à ce plan*.

En effet, si de ce point on abaisse une perpendiculaire **BA** sur le plan, et que de son pied **A**, comme centre, on décrive une circonférence avec un rayon quelconque, toutes les obliques, menées du point **B** aux divers points de cette circonférence, s'écartant également du pied de la perpendiculaire **BA**, seront égales.

312. *Des obliques* **BD**, **BE** *qui s'écartent inégalement du pied de la perpendiculaire* **BA**, *au plan* **MN**, *la plus longue est celle* **BE** *qui s'en écarte le plus*.

fig. 224.

Sur $AE > AD$ prenons $AF = AD$ et joignons **BF**; on a $BF = BD^*$; mais **BF** est plus petit que **BE** comme obliques, s'écartent inégalement du pied de la perpendiculaire, dans le plan **BAE**.

* 311.

313. *Si du pied* **B** *d'une perpendiculaire* **AB** *au plan* **MN**, *on abaisse une perpendiculaire* **BE** *sur une droite* **CD** *tracée dans le plan; la droite* **AE**, *qui joint le pied de cette perpendiculaire avec un point quelconque* **A** *de la perpendiculaire au plan, est perpendiculaire sur la droite* **CD** *tracée dans le plan*.

fig. 225.

En effet, prenant $CE=ED$, les obliques BC, BD sont égales comme s'écartant également du pied de la perpendiculaire BE*. Par suite, en joignant AC, AD, ces obliques sont aussi égales comme s'écartant également du pied de la perpendiculaire AB*. Donc le triangle CAD est isoscèle, et la ligne AE, qui joint le sommet A avec le milieu E de la base CD, est perpendiculaire sur cette base, c. q. f. d.

*43.
*311.

N. B. La droite CD est perpendiculaire au plan de l'angle BEA, car elle est perpendiculaire aux deux côtés BE, EA de cet angle*.

*305.

Les droites AB, CD, non situées dans un même plan, ont une perpendiculaire commune BE, qui est la plus courte distance de ces droites.

§ 23. — DROITES ET PLANS PARALLÈLES.

314. *Si AB est perpendiculaire au plan MN, toute parallèle EF à AB est perpendiculaire au même plan.*

fig. 226.

En effet, les deux droites AB, EF étant parallèles, déterminent un plan*, qui coupe MN suivant BE. AB étant perpendiculaire au plan MN, est perpendiculaire à la droite BE tracée par son pied dans ce plan, et EF parallèle à AB est aussi perpendiculaire à BE. Menant dans le plan MN la droite CD perpendiculaire à BE et joignant EA; la droite CD sera perpendiculaire au plan de l'angle BEA*, et par suite à EF qui passe par son pied dans ce plan*. Donc EF étant perpendiculaire aux deux droites EB, CD, qui passent par son pied dans le plan MN, est perpendiculaire à ce plan*, c. q. f. d.

*303.
*313.
*305.
*305.

315. *Des droites* A B, E F *perpendiculaires à un même plan* M N *sont parallèles.*   fig. 227.

Car, si E F n'était pas parallèle à A B, on pourrait, par le point E, mener une parallèle E G à A B. Cette parallèle E G serait perpendiculaire au plan M N*; et   * 314.
comme E F l'est aussi; par un même point, on pourrait élever deux perpendiculaires à un même plan, ce que nous avons démontré impossible*.   * 307.

316. *Des lignes de l'espace parallèles à une même ligne sont parallèles entre elles.*

Car elles sont perpendiculaires au plan mené perpendiculairement à cette autre ligne*.   * 314.

Une droite et un plan qui ne peuvent se rencontrer, à quelque distance qu'on les prolonge, sont dits *parallèles.*

317. *Si une droite* A B *est parallèle à une droite* C D   fig. 228.
tracée dans un plan M N, *elle est parallèle au plan.*

En effet, A B et C D étant parallèles, déterminent un plan qui coupe le plan M N suivant C D. Si la droite A B pouvait rencontrer le plan M N, ce serait en quelque point de C D : donc A B et C D ne seraient pas parallèles, comme on le suppose.

318. *Si par une droite* A B, *parallèle au plan* M N,   fig. 228.
on conduit un plan qui coupe M N, *l'intersection* C D *est parallèle à* A B.

En effet, si A B et C D n'étaient pas parallèles, ces lignes, étant situées dans un même plan, se rencontreraient; et comme C D est tracée tout entière dans le plan M N, la droite A B rencontrerait ce plan et ne lui serait pas parallèle, comme on le suppose.

319. *Si deux plans* A F, C F *conduits suivant deux*   fig. 229.

droites parallèles A B, C D *se coupent, leur intersection* E F *est parallèle à ces droites.*

Car si par un point F de l'intersection des deux plans on menait une parallèle aux deux droites, cette parallèle devrait être à la fois dans les deux plans : donc elle n'est autre que leur intersection.

Deux plans sont dits parallèles lorsqu'ils ne peuvent se rencontrer à quelque distance qu'on les prolonge.

fig. 230.   320. *Deux plans* M N, P Q, *perpendiculaires sur une même droite* A B, *sont parallèles.*

Car s'ils se rencontraient, en joignant un des points de l'intersection aux points A et B, il en résulterait un triangle ayant deux angles droits, ce qui est impossible.

fig. 231.   321. *Deux plans parallèles* M N, P Q, *coupés par un troisième plan, donnent des intersections* A B, C D *parallèles.*

Car si les deux lignes A B, C D, qui sont situées dans un même plan, n'étaient pas parallèles, elles se rencontreraient, et par suite les plans qui les contiennent, et que l'on suppose parallèles, se rencontreraient aussi.

fig. 232.   322. *Deux plans parallèles ont les perpendiculaires communes.*

Soient M N et P Q deux plans parallèles ; A B perpendiculaire au plan M N et A C une droite quelconque, menée dans le plan P Q. Imaginons le plan de l'angle C A B qui coupe le plan M N, parallèle au plan P Q, suivant une droite B D parallèle à A C*. A B étant perpendiculaire au plan M N, est perpendiculaire à la droite B D qui passe par son pied dans le plan, et par suite à sa parallèle A C : donc A B étant perpen-

* 321.

diculaire à une droite quelconque A C du plan P Q,
est perpendiculaire à ce plan. c. q. f. d.

323. *Les parallèles* A B, C D *comprises entre des*   fig. 232.
plans parallèles sont égales.

Par les deux parallèles A B, C D faisons passer un
plan. Ce plan coupe les plans donnés P Q, M N suivant
des droites A C, B D parallèles* : donc la figure B A C D   * 321.
est un parallélogramme et A B=D C.

Conséquence. *Les plans parallèles sont partout égale-*
ment distants *.   * 315.

324. *Des droites* A C, D F, *sont coupées par des*   fig. 233.
plans parallèles en parties proportionnelles.

Menons par le point D la parallèle D H à A C ; les
segments de D H sont égaux aux segments de A C
comme parallèles comprises entre plans parallèles*.   * 323.
Mais dans le triangle D H F, à cause des parallèles
G E, H F, les segments de D H sont proportionnels
aux segments de D F : donc les segments de A C
sont aussi proportionnels aux segments de D F.

325. *Deux angles* B A C, D E F *qui ont les côtés*   fig. 234.
parallèles ont leurs plans parallèles.

Prenons A B=E D et joignons A E et B D ; la figure
A B D E est un parallélogramme, par conséquent A E
est égal et parallèle à B D. Prenant de même A C=E F
et joignant C F, cette ligne est égale et parallèle à
A E, et par suite à B D.

Cela posé, si le plan B A C n'était pas parallèle au
plan E D F, on pourrait mener par le point A un plan
parallèle à E D F, et ce plan couperait B D ou F C en
des points G ou K différents des points B et C, ce qui
donnerait D G=F K=A E* ; et comme A E=B D=   * 323.

FC, on aurait B D=D G ou F C=F K, c'est-à-dire la partie égale au tout, ce qui est impossible.

N. B. *Il existe entre les angles de l'espace, qui ont leurs côtés parallèles, les mêmes relations que si ces angles étaient situés dans un même plan.*

En effet, prenant deux de ces angles qui aient les côtés parallèles et dirigés dans le même sens comme BAC et DEF, la démonstration précédente prouve que les triangles BAC, DEF ont les côtés égaux : donc les angles BAC, DEF sont égaux. Les angles BAC, LEK, qui ont les côtés parallèles et dirigés en sens contraire, sont aussi égaux ; car chacun d'eux est égal au même angle DEF. Enfin les angles BAC, KEF sont supplémentaires ; car KEF a pour supplément DEF ou son égal BAC.

§ 24. — PLANS PERPENDICULAIRES.

fig. 235.

326. Lorsque deux plans M N, P Q se rencontrent, la quantité plus ou moins grande dont ils sont écartés l'un de l'autre est ce qu'on nomme *l'angle* ou *l'inclinaison* des deux plans.

Pour distinguer cet angle de l'angle de deux droites, on l'appelle *angle dièdre*, ou simplement *dièdre*.

La ligne P M, intersection des deux plans, est *l'arête* de l'angle dièdre, et les deux plans en sont les *faces*.

On appelle *angle plan* d'un angle dièdre l'angle ACB formé par les perpendiculaires C A, C B menées, dans chacune des faces, au même point de l'arête.

327. *Tous les angles plans d'un même angle dièdre sont égaux.*

Car ils ont les côtés parallèles et dirigés dans le même sens *. * 325. N. B.

328. *Si deux angles dièdres sont égaux, leurs angles plans sont égaux, et réciproquement.* fig. 235.

Soient les deux angles dièdres égaux $NPMQ$, $N'P'M'Q'$: je dis que leurs angles plans ACB, $A'C'B'$ sont égaux.

Portons le second dièdre sur le premier de manière que l'angle droit $P'C'A'$ coïncide avec l'angle égal PCA, ce qui fera coïncider le plan de la face MN avec celui de la face $M'N'$ et l'arête $P'M'$ avec l'arête PM. Les dièdres étant égaux, le plan de la face $P'Q'$ coïncidera avec celui de la face PQ. Par suite, la ligne $C'B'$, perpendiculaire à $P'M'$ dans le plan $P'Q'$, prendra la direction de CB, perpendiculaire à PM dans le plan PQ : donc les deux angles plans $A'C'B'$ et ACB, ayant les côtés superposés, sont égaux.

Réciproquement. Soit l'angle plan ACB égal à l'angle plan $A'C'B'$: portons le second angle dièdre sur le premier de manière que l'angle plan $A'C'B'$ se superpose sur son égal ACB. L'arête $P'M'$, perpendiculaire au plan $A'C'B'$*, prendra la direction de l'arête PM, * 305. perpendiculaire au plan ACB. Alors les deux lignes PM et CA de la face MN coïncidant avec les lignes $P'M'$, $C'A'$ de la face $M'N'$, les plans de ces deux faces coïncident*, et il en est de même des plans des deux * 303. autres faces PQ, $P'Q'$, puisque les lignes PM et CB du premier plan coïncident avec les lignes $P'M'$, $C'B'$ du second : donc les angles dièdres sont égaux.

329. *Deux angles dièdres* $NPMQ$, $SRTU$ *sont dans* fig. 236. *le rapport de leurs angles plans* ABC, DEF.

En effet, supposons qu'on ait cherché la commune mesure des deux angles plans A B C, D E F, et que cette commune mesure soit un angle ABO contenu 7 fois, par ex., dans l'angle A BC et 10 fois dans l'angle D E F ; ou, en d'autres termes, que les deux angles plans soient dans le rapport de 7 à 10.

Par l'arête P M et les lignes de division de l'angle A B C faisons passer des plans ; nous décomposerons l'angle dièdre N P M Q en 7 angles dièdres égaux, puisque les angles plans de ces dièdres sont égaux *.

De même, par l'arête R T et les lignes de division de l'angle D E F faisons passer des plans ; nous décomposerons l'angle dièdre S R T U en 10 angles dièdres égaux entre eux et à ceux de la première figure, comme ayant des angles plans égaux. Par conséquent les angles dièdres sont dans le rapport de 7 à 10, c'est-à-dire dans le rapport de leurs angles plans.

Ce raisonnement étant indépendant de la grandeur de la commune mesure A BO des deux angles plans, subsiste quelque petite que soit cette commune mesure, et par conséquent lors même que les angles plans seraient incommensurables.

330. *Mesure d'un angle dièdre.* Soit D un angle dièdre et A son angle plan. Prenons un angle dièdre d pour unité de mesure, et soit a son angle plan.

Deux angles dièdres étant dans le rapport de leurs angles plans*, on a : $\dfrac{D}{d} = \dfrac{A}{a}$.

Ainsi, le nombre de fois qu'un angle dièdre contient l'angle dièdre pris pour unité est égal au nombre de fois que son angle plan contient celui de l'angle

* 328 réc.

* 329.

dièdre pris pour unité ; en d'autres termes, *la mesure d'un angle dièdre se ramène à celle de son angle plan.*

Deux plans sont dits *perpendiculaires* l'un à l'autre lorsqu'ils forment un angle dièdre droit.

On prend quelquefois l'angle dièdre droit pour unité d'angle dièdre ; alors l'angle plan doit être évalué en prenant pour unité l'angle droit.

On prend plus souvent pour unité l'angle dièdre dont l'angle plan serait d'un degré : pour avoir la mesure d'un angle dièdre, il suffit alors d'évaluer le nombre de degrés de son angle plan.

331. Deux plans se coupent suivant quatre angles qui ont entre eux les mêmes relations que les angles formés par les lignes A B, C D menées perpendiculairement au même point O de l'arête commune. fig. 237.

Pareillement, dans la rencontre de deux plans parallèles par un troisième, *les angles dièdres alternes internes, alternes externes et correspondants sont égaux, les angles dièdres internes ou externes sont supplémentaires ; mais les réciproques n'ont pas lieu.*

332. *Si une droite* A B *est perpendiculaire au plan* M N, *tout plan* C A, *conduit suivant* A B, *est perpendiculaire au plan* M N. fig. 238.

Car A B étant perpendiculaire au plan M N, est perpendiculaire à la droite C D tracée par son pied dans ce plan. Menant B E perpendiculaire à C D dans le plan M N, la ligne A B est aussi perpendiculaire à B E : ainsi l'angle A B E, ou l'angle plan de l'angle dièdre, étant droit, les deux plans M N et C A sont perpendiculaires*. * 330.

333. *Si dans une des faces* A C *d'un angle dièdre* fig. 238.

droit on mène A B perpendiculaire à l'arête C D , A B est perpendiculaire à l'autre face M N.

En effet, traçant B E perpendiculaire à l'arête C D dans la face M N , l'angle A B E , angle plan d'un dièdre droit, est droit ; et par suite A B perpendiculaire aux deux droites C D , B E tracées par son pied dans la face M N est perpendiculaire à cette face *.

* 305.

fig. 239.   **334.** *Si par un point B de l'arête d'un dièdre droit on élève une perpendiculaire B A à la face M N , cette perpendiculaire est tout entière dans l'autre face C P.*

Car si elle n'y était pas , élevant par le point B une perpendiculaire B F à l'arête C D , dans la face C P , la ligne B F serait perpendiculaire à la face M N* au même point que la ligne B A , ce que nous savons impossible *.

* 333.

* 307.

fig. 240.   **335.** *Si deux plans C A , E A sont perpendiculaires sur un troisième plan M N , leur intersection B A est perpendiculaire sur ce troisième plan.*

Car E F et C D étant les arêtes de deux angles dièdres droits , si par le point B , où ces lignes se coupent, on élevait une perpendiculaire à la face commune M N , cette perpendiculaire devrait se trouver dans chacune des deux autres faces C A , E A* : donc cette perpendiculaire n'est autre que l'intersection B A.

* 334.

* § 25. — DES ANGLES TRIÈDRES.

336. On appelle *angle solide* (ou mieux *angle polyèdre*) l'espace indéfini compris entre plusieurs plans qui se coupent au même point. Le plus simple des angles polyèdres est celui qui est formé par trois plans et qu'on appelle *angle trièdre* ou simplement *trièdre.*

175

Dans un angle trièdre, il y a six choses à considérer ; savoir : les trois plans ASB, BSC, ASC, qui sont les *faces* de l'angle trièdre, et les trois *dièdres* qui ont pour arêtes SA, SB, SC.

337. *Une face quelconque d'un angle trièdre est moindre que la somme des deux autres.*

Il suffit de le démontrer pour la plus grande face ASC. Menons dans cette face la ligne SD formant, avec l'arête SA, un angle ASD égal à la face ASB et une ligne AC qui coupe les trois droites SA, SD, SC. Cela fait, prenons SB égale à SD et joignons BA et BC. Les deux triangles ASD, ASB étant égaux*, AD=AB. Mais la ligne droite AC, égale à AD+DC, est plus courte que AB+BC : donc à cause de AD=AB on a DC<BC. Les deux triangles DSC, BSC ayant SC commun, SD=SB et DC<BC, l'angle DSC est plus petit que la face BSC* : ajoutant d'un côté ASD et de l'autre son égal ASB, il en résulte :

ASC<ASB+BSC. c. q. f. d.

338. *La somme des faces d'un angle polyèdre est moindre que quatre angles droits.*

Coupons l'angle polyèdre par un plan qui donne pour section un polygone ABCDE d'autant de côtés que l'angle polyèdre a de faces.

La face BAE du trièdre en A est moindre que la somme SAB+SAE des deux autres faces*.

La face CBA du trièdre en B est moindre que la somme SBA+SBC des deux autres faces ; etc.

Donc la somme des angles du polygone est moindre que la somme des angles à la base des triangles qui ont le sommet en S.

Mais la somme des angles tant intérieurs qu'extérieurs du polygone est égale à la somme des angles de tous les triangles ayant leur sommet en S; et comme la somme des angles à la base des triangles est plus grande que celle des angles intérieurs du polygone, il en résulte que la somme des angles au sommet, ou la somme des faces de l'angle polyèdre, est moindre que celle de angles extérieurs du polygone, ou moindre que quatre angles droits*. c. q. f. d.

* 171.

339. *Si un trièdre a deux faces égales, les dièdres opposés sont égaux, et réciproquement.*

fig. 243.

Soit le trièdre S, qui a la face ASB égale à la face BSC. D'un point quelconque D, pris sur l'arête SB, abaissons DO perpendiculaire sur la face opposée ASC; du point O menons OE perpendiculaire sur SC et OF perpendiculaire sur SA : en joignant DE et DF, ces lignes seront perpendiculaires sur SC et SA*;

* 313.

par conséquent les angles DEO, DFO mesureront les dièdres opposés aux faces égales.

Or, les triangles rectangles DSE, DSF ayant l'hypoténuse SD commune et les angles DSE, DSF égaux par hypothèse, donnent DE=DF. Par suite, les deux triangles rectangles DEO, DFO ayant l'hypoténuse DE=DF et le côté DO commun, sont égaux : donc les angles DEO, DFO, qui mesurent les dièdres opposés aux faces égales, étant égaux, ces dièdres sont égaux *.

* 328.

Réciproquement. Soit le dièdre dont l'arête est SA égal au dièdre dont l'arête est SC. Faisant la même construction, les deux triangles rectangles DOE, DOF sont égaux comme ayant le côté DO commun, et les angles DEO, DFO égaux par hypothèse. Donc DE=DF; par suite les triangles rectangles DSE, DSF ayant l'hypoténuse SD commune et le côté DE =DF, sont égaux; et par conséquent les faces DSE, DSF, opposées aux dièdres égaux, sont égales.

Conséquence. Dans un trièdre, l'égalité des faces entraîne l'égalité des dièdres opposés, et réciproquement.

Un trièdre qui a deux faces égales, et par suite les dièdres opposés à ces faces égaux, est dit *isoèdre*.

340. *Si d'un point O, pris dans l'intérieur d'un trièdre S, on abaisse la perpendiculaire OD sur la face ASB; la perpendiculaire OE sur la face ASC; et la perpendiculaire OF sur la face BSC; ces trois lignes OD, OE, OF sont les arêtes d'un second trièdre O dont les faces sont les suppléments des dièdres et les dièdres les suppléments des faces du trièdre S.* fig. 244.

En effet, le plan de la face DOE du trièdre O, étant conduit suivant OD, perpendiculaire à la face ASB, et suivant OE, perpendiculaire à la face ASC du trièdre S, est perpendiculaire sur l'intersection SA de ces deux faces* : donc il les coupe suivant deux lignes DG, GE dont l'angle DGE mesure le dièdre dont l'arête est SA. Or, le quadrilatère plan GDOE ayant deux angles D et E droits, les deux autres angles DOE, EGD sont supplémentaires. Ainsi la face DOE du trièdre O est le supplément de l'angle EGD qui mesure le dièdre, dont l'arête est SA, du trièdre S. * 335.

On démontrerait de même que la face DOF est supplémentaire du dièdre dont l'arête est SB, et la face EOF supplémentaire du dièdre dont l'arête est SC.

Le point S étant intérieur au trièdre O, et les arêtes

SA, SB, SC du trièdre S étant respectivement perpendiculaires sur les faces du trièdre O, les dièdres du trièdre O sont donc aussi les suppléments des faces du trièdre S.

341. Deux trièdres tels que les faces de l'un ont pour supplément les dièdres, et les dièdres pour supplément les faces de l'autre, sont dits *supplémentaires*.

342. *La somme des dièdres d'un trièdre est moindre que six angles droits et plus grande que deux.*

En effet, soient D, D', D" les dièdres d'un trièdre et f, f', f" les faces du trièdre supplémentaire * :
puisque $D+f=2$ droits, ainsi que $D'+f'$ et $D''+f''$
$$D+D'+D''+f+f'+f'' = 6 \text{ droits.}$$

La somme $f+f'+f''$ des faces d'un trièdre n'est jamais nulle : donc $D+D'+D''$ vaut moins de 6 droits.

La somme $f+f'+f''$ est moindre que 4 droits * : donc $D+D'+D''$ vaut plus de 2 droits.

343. *Deux trièdres qui ont les faces égales chacune à chacune ont les dièdres opposés égaux, et réciproquement.*

Soient les deux trièdres S et S' qui ont les faces égales chacune à chacune. Par un point O, d'une arête SA du premier, menons des perpendiculaires à cette arête, dans chacune des deux faces, et par un autre point A de la même arête, des lignes AB, AC qui coupent ces perpendiculaires et les deux autres arêtes, ce qui est toujours possible. Joignons CB et EF ; et cela fait, sur l'arête homologue du second trièdre prenons S'O'=SO ; par le point O' menons des perpendiculaires à l'arête dans chacune des deux faces ; prenons O'A'=OA, S'B'=SB, S'C'=SC, et joignons A'B', A'C', B'C' et E'F'. Il s'agit de démontrer que l'angle plan EOF est égal à l'angle plan E'O'F'*.

* 328. réc.

L'égalité des triangles SCA, S'C'A' donne CA=C'A'; celle des triangles ASB, A'S'B' donne AB=A'B'; et celle des triangles CSB, C'S'B' donne CB=C'B'. Par suite, les deux triangles CAB, C'A'B', ayant les trois côtés égaux, sont égaux.

Cela posé, l'égalité des triangles rectangles EOA, E'O'A' donne EO=E'O'; celle des triangles rectangles FOA, F'O'A' donne FO=F'O'; enfin celle des triangles EAF, E'A'F' donne EF=E'F' : donc, enfin, les triangles EOF et E'O'F' ont les trois côtés égaux ; d'où résulte la proposition énoncée.

N. B. On peut abréger la démonstration en prenant sur les 6 arêtes des deux trièdres des longueurs égales.

Les triangles des faces sont alors isoscèles ; et les angles à la base étant aigus, les perpendiculaires OE, O'E', par ex., rencontrent AC, A'C' obliques à SA.

Réciproquement. Soient les trièdres S, S' qui ont les dièdres égaux chacun à chacun.

En considérant les trièdres supplémentaires*, ces trièdres supplémentaires auront leurs faces égales et par suite les dièdres égaux. Les trièdres supplémentaires ayant leurs dièdres égaux, les suppléments de ces dièdres seront égaux. Or, les suppléments de ces dièdres sont les faces des trièdres S et S' : donc ces trièdres ont leurs faces égales.

* 341.

Ainsi : *deux trièdres sont égaux dans toutes leurs parties s'ils ont ou leurs faces égales ou leurs dièdres égaux.*

344. *Deux trièdres peuvent être égaux dans toutes leurs parties sans être superposables.*

En effet, soient les deux trièdres S, S' qui ont leurs faces égales et par suite leurs dièdres égaux. Portons ces trièdres l'un dans l'autre, de manière que les faces égales BSC, B'S'C', par ex., coïncident ; l'arête S'B' coïncidera avec SC, qui n'est pas son homologue, et il en sera de même de S'C' qui coïncidera avec SB. Par conséquent, à moins que le dièdre dont l'arête est S'B' ne soit égal à celui dont l'arête est SC, ce qui n'arrivera que si les trièdres sont *isoèdres*, on voit que la superposition ne saurait avoir lieu.

Deux trièdres qui sont égaux dans toutes leurs parties, sans être superposables, sont dits *symétriques*.

La symétrie provient de ce que la disposition des faces n'est pas la même dans les deux trièdres : par ex., en développant les faces sur un même plan, la plus grande étant au milieu, la moyenne peut être à droite dans un cas, et à gauche dans l'autre, et de même pour la plus petite. Mais *si les trièdres sont isoèdres, la disposition des faces est nécessairement la même.* Cela nous fait voir aussi qu'*un trièdre ne peut avoir qu'un seul symétrique,* ou, en d'autres termes, que *deux trièdres symétriques d'un même angle trièdre sont superposables.*

345. *Deux trièdres symétriques sont égaux en volume.*

Prenons sur les arêtes les six longueurs égales SA, SB, SC, S'A', S'B', S'C', et joignons deux à deux les points ainsi déterminés, ce qui donne deux triangles égaux ABC, A'B'C'. Du point S abaissons

la perpendiculaire S O sur le plan du triangle A B C ;
le point O, à cause des obliques égales S A , S B , S C,
est le centre du cercle circonscrit au triangle A B C.

De même la perpendiculaire S'O' abaissée du point
S' sur le plan du triangle A'B'C' a son pied en O',
centre du cercle circonscrit à ce triangle.

Les triangles rectangles S O A, S O B, S O C, S'O'A',
S'O'B', S'O'C' ayant les hypoténuses égales par construction, et les côtés O A, O B, O C, O'A', O'B',
O'C' égaux comme rayons de cercles circonscrits à des
triangles égaux , sont égaux ; ainsi les trièdres formés
autour des arêtes S O, S'O' sont isoèdres et ont leurs
-faces égales : donc ils sont superposables*.   * 343.

Cela posé, si le point O est intérieur au triangle
A B C, et par suite le point O' intérieur au triangle
A'B'C', le trièdre S' se décomposera en trois trièdres
égaux à chacun des trois trièdres dans lesquels se
décompose le trièdre S.

Si le point O tombe sur le côté A C, et par suite,
le point O' sur A'C', le trièdre S' se décompose en
deux trièdres égaux aux deux qui composent le
trièdre S.

Enfin, si le point O est extérieur au triangle A B C,
et par suite le point O' extérieur au triangle A'B'C',
le trièdre S est égal à la somme des trièdres S A O B,
S A O C, moins le trièdre S A O C; et le trièdre S' égal
à la somme des trièdres S'A'O'B', S'A'O'C' moins le
trièdre S'A'O'C'; mais ces trièdres étant égaux de
part et d'autre, les sommes et par suite les différences
sont égales.

346. *Deux trièdres sont égaux s'ils ont ou les faces
égales ou les dièdres égaux.*

Car, s'ils ne sont pas symétriques, ils sont évidemment superposables; et s'ils sont symétriques, la démonstration résulte de la proposition qui précède.

Deux trièdres sont égaux s'ils ont une face égale comprise entre deux dièdres égaux chacun à chacun; ou s'ils ont un dièdre égal compris entre deux faces égales chacune à chacune.

Si les trièdres ne sont pas symétriques, on verra facilement qu'ils sont égaux par superposition; s'ils sont symétriques, l'un d'eux sera égal, par superposition, au symétrique ou à l'égal de l'autre*.

Ainsi : *il existe 4 cas d'égalité pour les trièdres.*

* § 26. — DES POLYÈDRES.

347. On appelle *polyèdre* un solide terminé par des plans. Ces plans, limités à leurs intersections mutuelles, sont les *faces* du polyèdre; les côtés et les sommets de ces faces sont les *arêtes* et les *sommets* du polyèdre.

Le plus simple des polyèdres est celui de quatre faces que l'on appelle *tétraèdre*; on appelle *hexaèdre* celui de six faces; *octaèdre* celui de huit; *dodécaèdre* celui de douze; *icosaèdre* celui de vingt. Les autres polyèdres se désignent par le nombre de leurs faces.

Un polyèdre est dit *convexe* lorsqu'une droite ne peut rencontrer sa surface en plus de deux points.

Un tel polyèdre est tout entier d'un même côté du plan d'une quelconque de ses faces.

N. B. Les polyèdres convexes sont les seuls que nous considérerons.

348. *Deux polyèdres ne peuvent avoir les mêmes sommets et en même nombre sans coïncider l'un avec l'autre.*

En effet, supposons donnés de position les points qui doivent servir de sommets à ces polyèdres.

Choisissons trois de ces points tels que leur plan passant par de nouveaux sommets, si la chose est possible, laisse tous les autres d'un même côté au-dessus ou au-dessous ; nous obtiendrons ainsi une face polygonale. Suivant un des côtés de cette face, faisons passer un plan, et supposons que ce plan tourne autour de ce côté jusqu'à ce qu'il rencontre au moins un nouveau sommet, ce qui donnera une seconde face polygonale, et continuons ainsi de manière à limiter l'espace de toutes parts ; nous obtiendrons un polyèdre qui aura pour sommets les points donnés.

Cela posé, s'il existait un autre polyèdre ayant les mêmes sommets et qui ne coïncidât pas avec le précédent, les faces de ce nouveau polyèdre ne passeraient pas toutes par les mêmes points que celles du premier ; car, sans cela, la coïncidence aurait lieu ; par suite, quelques-unes devraient couper le premier polyèdre et auraient des sommets au-dessus et au-dessous de leur plan, ce qui ne peut être si le polyèdre est convexe.

349. On appelle polyèdre *régulier* celui dont toutes les faces sont des polygones réguliers égaux.

Par conséquent tous les angles dièdres et par suite tous les angles solides de ces polyèdres sont égaux.

350. *Des cinq polyèdres réguliers.*

Le nombre des polyèdres réguliers est nécessairement limité. Car la somme des angles autour d'un même sommet d'un polyèdre étant moindre que 4 droits*, et chaque angle solide devant avoir au moins trois faces, le polyèdre régulier n'est possible qu'avec des polygones réguliers, dont l'angle vaut moins de $\frac{4}{3}$, valeur de l'angle de l'hexagone régulier. Ainsi un polyèdre régulier n'est possible qu'avec des triangles équilatéraux, des carrés ou des pentagones réguliers.

Il existe trois polyèdres réguliers dont les faces sont des triangles équilatéraux ; savoir : le *tétraèdre*, l'*octaèdre* et l'*icosaèdre* réguliers.

Il ne saurait en exister d'autres, car six angles d'un triangle équilatéral valent six fois $\frac{2}{3}$ d'un droit ou quatre droits.

Il existe un seul polyèdre régulier dont les faces sont des carrés ; savoir : le *cube* ou l'*hexaèdre* régulier.

Il n'existe aussi qu'un seul polyèdre régulier dont les faces sont des pentagones réguliers ; savoir : l'*icosaèdre* régulier.

Les polyèdres réguliers jouissent de propriétés remarquables, mais qui n'offriraient qu'un objet de pure curiosité dans un cours élémentaire.

§ 27. — DES PRISMES.

351. Soit A B C D E un polygone quelconque ; si dans un plan parallèle on trace un polygone F G H K L dont les côtés soient respectivement parallèles et égaux à ceux du polygone A B C D E, et que l'on joigne ensuite par des droites les sommets des angles homologues, le polyèdre ainsi formé sera ce qu'on appelle un *prisme*.

Les polygones parallèles sont dits les *bases* du prisme, et la distance de ces bases en est la *hauteur*.

On appelle prisme *droit* celui dont les arêtes latérales sont perpendiculaires aux plans des bases ; alors chacune de ces arêtes est égale à la hauteur du prisme. Dans tout autre cas, le prisme est dit *oblique* et la hauteur est moindre que l'arête latérale.

On appelle prisme *triangulaire* celui dont la base est un triangle ; prisme *quadrangulaire* celui dont la base est un quadrilatère ; prisme *pentagonal* celui dont la base est un pentagone, etc.

Parmi les prismes quadrangulaires, on distingue le *parallélipipède* ou celui dont les bases, et par conséquent toutes les faces, sont des parallélogrammes. fig. 248.

Le *parallélipipède* est dit *rectangle* lorsque toutes les faces sont des rectangles.

Le *cube* est un parallélipipède rectangle dont les six faces sont des carrés égaux.

352. *Dans tout parallélipipède, les faces opposées sont égales et parallèles.*

Il suffit de le démontrer pour les faces latérales, car les bases le sont d'après la définition du prisme. fig. 248.

La figure E D étant un parallélogramme, E A est égale et parallèle à D F ; la figure A C étant un parallélogramme, A B est égale et parallèle à DC. Donc les deux angles E A B, F D C ayant les côtés parallèles et dirigés dans le même sens sont égaux *, et par * 325 N. B. suite le parallélogramme E B est égal au parallélogramme F C. De plus, les angles E A B, F D C ont leurs plans parallèles *, et ces plans sont ceux des * 325. faces opposées E B et F C.

La démonstration serait la même pour les faces opposées E D, H C.

fig. 248.

353. *Dans tout parallélipipède, les diagonales qui joignent deux sommets, n'appartenant pas à la même face, se coupent mutuellement en deux parties égales.*

En effet, la diagonale F B et la diagonale H D sont les diagonales d'un parallélogramme F D B H ;

La diagonale F B et la diagonale E C sont celles d'un parallélogramme F E B C, etc.

Toute droite K L menée par le point O d'intersection des diagonales a son milieu en ce point.

En effet, imaginant le plan d'une diagonale F B et de la droite K L, les deux triangles F O L, B O K sont égaux comme ayant F O égal à O B, et les angles en O égaux, ainsi que les angles alternes internes O B K, O F L : donc O K = O L.

354. *Les sections d'un prisme par des plans parallèles sont des polygones égaux.*

fig. 247.

Soient M N P Q R, S T V X Y deux sections d'un prisme par deux plans parallèles. Deux côtés correspondants M N, S T des deux sections sont parallèles comme intersections des deux plans parallèles par celui * 321. de la face A G du prisme* ; et comme il en est de même de tous les côtés correspondants, les angles des polygones sont égaux chacun à chacun comme ayant les côtés parallèles et dirigés dans le même sens. De plus, les côtés des polygones sont égaux comme parallèles comprises entre parallèles : donc les sections, ayant les angles et les côtés égaux, sont égales.

N. B. *Les sections d'un prisme par des plans parallèles à la base sont des polygones égaux à la base.*

355. On appelle *section droite* d'un prisme celle dont le plan est perpendiculaire aux arêtes latérales.

356. *La surface latérale d'un prisme quelconque s'obtient en multipliant le périmètre d'une section droite MNPQR par l'arête AF.*

En effet, chacune des faces latérales du prisme est un parallélogramme qui a pour base une des arêtes du prisme et pour hauteur un côté de la section droite : donc la surface latérale du prisme, somme des surfaces de ces parallélogrammes, est égale à $(MN + NP + PQ + QR + RM) \times AF$, c'est-à-dire au produit du périmètre de la section droite par l'arête du prisme.

N. B. On aurait la surface totale du prisme en ajoutant les surfaces de deux bases.

N. B. Si le prisme est droit, la section droite est égale à la base[*] et l'arête à la hauteur ; donc :

La surface latérale d'un prisme droit s'obtient en multipliant le périmètre de sa base par sa hauteur.

357. *Un prisme oblique est équivalent à un prisme droit qui a pour base une section droite et pour hauteur l'arête du prisme oblique.*

Soit un prisme oblique, ayant pour bases les polygones B et B' et pour arête AC. Coupons ce prisme par un plan perpendiculaire à l'arête AC qui donne la section droite b'. Prolongeons EA d'une quantité AD=EC, et construisons le prisme droit ayant pour base la section droite b' et pour hauteur ED, égale à l'arête AC du prisme oblique.

Le prisme droit et le prisme oblique ont la partie, comprise entre la base b' et la base B, commune. Le solide supérieur, compris entre b' et B' et le solide

fig. 249.

[*] 353.

fig. 250.

inférieur, compris entre b et B sont égaux, car il est facile de voir que ces solides sont superposables : donc le prisme oblique est équivalent au prisme droit.

358. *Deux prismes droits qui ont des bases égales et même hauteur sont égaux.*

En effet, superposons les bases : les arêtes étant respectivement perpendiculaires à ces bases, prendront les mêmes directions ; et comme elles sont égales, les deux prismes auront les mêmes sommets et en même nombre * : donc ils sont égaux.

    *(marge : * 347.)*

359. *Mesurer un volume*, c'est chercher combien de fois il contient un volume pris pour unité. On prend pour unité de volume le cube qui a pour arête l'unité de longueur.

360. *Le volume d'un parallélipipède rectangle est égal au produit de ses trois dimensions.*

    (marge : fig. 251.)

1° Supposons que les trois dimensions du parallélipipède, c'est-à-dire la longueur, la largeur et la hauteur, contiennent chacune un nombre exact de fois l'unité linéaire ; la longueur A B, 9 fois, par ex., la largeur A C, 4 fois, et la hauteur A D, 6 fois. La base du parallélipipède étant un rectangle de 9 mètres de longueur sur 4 de largeur, contiendra $4 \times 9 = 36$ mètres carrés *. Sur cette base on pourra superposer 36 mètres cubes. La hauteur du parallélipipède étant de 6 mètres, le volume entier contiendra donc 6 fois 36 ou 216 mètres cubes. c. q. f. d.

    *(marge : * 255.)*

2° Supposons que les trois dimensions soient dans un rapport quelconque avec l'unité linéaire ; par ex., que la longueur soit de $9^m,25$, la largeur de $4^m,183$ et la hauteur de $6^m, 5$. Prenons d'abord pour unité de longueur le millimètre, l'unité de volume sera le millimètre cube. La longueur du parallélipipède contenant 9250 millimètres, la largeur 4183 et la hauteur 6500, le volume contient $9250 \times 4183 \times 6500$ millimètres cubes, et il reste à évaluer ce volume en mètres cubes. Or, le mètre cube étant un parallélipipède rectangle de 1000 millimètres de longueur, 1000 millimètres de largeur et 1000 millimètres de hauteur, contient $1000 \times 1000 \times 1000$ millimètres cubes. Il faut donc diviser le nombre de millimètres cubes que contient le volume, ou $9250 \times 4183 \times 6500$ par $1000 \times 1000 \times 1000$, ce qui revient à diviser chacun des facteurs par 1000. On a donc pour le nombre des mètres cubes du volume $9,250 \times 4,183 \times 6,500$, ou plus simplement $9,25 \times 4,183 \times 6,5$ c'est-à-dire le produit des trois dimensions.

La démonstration serait la même quelque petite que fût la fraction du mètre que l'on trouverait en mesurant les trois dimensions : donc elle est générale.

Effectuant le calcul, on trouve : $251^{mc},502875$, que l'on énonce : 251 *mètres cubes* 502 décimètres cubes et 875 centimètres cubes.

N. B. Le *dixième du mètre cube* peut se représenter par un parallélipipède rectangle ayant pour base 1 mètre carré et pour hauteur 1 décimètre. On voit qu'il contient 100 décimètres cubes.

Le *centième du mètre cube* peut se représenter par un parallélipipède rectangle ayant pour base 1 décimètre carré et 1 mètre ou 10 décimètres de hauteur. On voit qu'il contient 10 décimètres cubes.

Enfin le *millième du mètre cube* est le décimètre cube.

361. *Un parallélipipède oblique est équivalent à un parallélipipède rectangle qui aurait les trois mêmes dimensions.*

fig. 252.   Soient A B, C D et C O, les trois dimensions d'un parallélipipède oblique A P. Par les deux lignes C D, C O faisons passer un plan qui donne la section droite C D E F, et construisons un parallélipipède droit E G ayant pour base la section droite C D E F, et pour hauteur C G, égale à l'arête A B du parallélipipède oblique A P. Ce parallélipipède droit E G sera équivalent

* 350.   au parallélipipède oblique A P *.

fig. 253.   Sur les trois lignes C G, C D, C O construisons un parallélipipède H G qui sera rectangle, puisque la base D G est un rectangle et que C O est perpendiculaire au plan de cette base.

Les deux prismes droits F O C G, H E D L ayant des bases F O C, H E D et des hauteurs C G, D L égales,

* 357.   sont égaux * : donc le parallélipipède droit E G est équivalent au parallélipipède rectangle H G ; et par conséquent le parallélipipède oblique A P, équivalent au parallélipipède E G, est aussi équivalent au parallélipipède rectangle H G qui a les trois mêmes dimensions.

362. *Le volume d'un parallélipipède quelconque est égal au produit de ses trois dimensions.*

Car le produit de ses trois dimensions mesurerait

* 360.   le volume du parallélipipède rectangle équivalent *.

N. B. Le produit de deux dimensions d'un parallélipipède mesure la surface de sa base, et la troisième dimension est la hauteur qui correspond à cette base.

Ainsi : *le volume d'un parallélipipède quelconque est égal au nombre d'unités carrées de sa base par le nombre* d'unités linéaires de la hauteur correspondante, ou plus simplement *le volume d'un parallélipipède quelconque est égal au produit de sa base par sa hauteur.* C'est cette dernière expression que nous adopterons désormais.

363. *Le volume d'un prisme triangulaire quelconque est égal au produit de sa base A B C par sa hauteur A O.*   fig. 254.

En effet, sur les trois arêtes A B, B E, B C de ce prisme, construisons le parallélipipède B G : on a pour le volume de ce parallélipipède A B C H $\times$ A O *, ou   * 361.
2 A B C $\times$ A O. Or, le prisme A B C D E F est la moitié de ce parallélipipède ; car imaginons la section droite M N P Q ; les prismes obliques A B C D E F, A C H D G F qui composent le parallélipipède sont équivalents à des prismes droits ayant pour bases les sections droites égales M N Q, N P Q, et pour hauteur l'arête A D *.   * 356.
Or, ces prismes droits sont égaux en volumes * : donc   * 357.
les prismes obliques sont aussi égaux en volumes et le prisme A B C D E F moitié du parallélipipède B G a pour volume A B C $\times$ A O. c. q. f. d.

364. *Le volume d'un prisme quelconque est égal au produit de sa base par sa hauteur.*

Soit un prisme quelconque A B C D E F G H K L. Dé-   fig. 249.
composons la base du prisme en triangles par des diagonales menées d'un sommet A à tous les autres. Par chacune de ces diagonales et l'arête A F du prisme, faisons passer des plans ; nous décomposerons ainsi le prisme donné en prismes triangulaires de même hauteur F O que le prisme donné, et ayant pour bases les divers triangles de la base de ce prisme. Or, le volume de chaque prisme triangulaire est égal au produit du tri-

angle qui lui sert de base par sa hauteur*, qui est celle du prisme donné : donc le volume du prisme donné est égal au produit de la hauteur par la somme des triangles de sa base, c'est-à-dire par la surface de sa base.

Ainsi : B désignant la base d'un prisme, H sa hauteur, et V son volume, on a, quelle que soit la forme du prisme, $V = B \times H$.

Conséquences. *Des prismes de même hauteur sont entre eux comme leurs bases ;*

Des prismes de même base sont entre eux comme leurs hauteurs ;

Des prismes, qui n'ont ni même base ni même hauteur, sont entre eux comme les produits des bases par les hauteurs.

365. *Le volume d'un prisme quelconque est aussi égal au produit de la section droite par l'arête.*

Car un prisme quelconque est équivalent à un prisme droit ayant pour base la section droite MNPQR et pour hauteur l'arête A F* : or, le volume de ce nouveau prisme s'obtiendrait* en multipliant sa base, ou la section droite du premier prisme, par sa hauteur ou par l'arête de ce premier prisme.

S désignant la section droite du prisme et A l'arête, on a donc pour nouvelle expression du volume V du prisme $V = S \times A$.

Il en résulte que, *pour un prisme quelconque, le produit de la base par la hauteur est égal au produit de la section droite par l'arête ; ou que* $B \times H = S \times A$. *Ainsi, connaissant trois des quantités* B, H, S, A, *il est facile de calculer la quatrième.*

§ 28. — DE LA PYRAMIDE.

366. Soit un polygone quelconque A B C D E ; si l'on joint un point S, pris en dehors de son plan, avec tous ses sommets, le polyèdre ainsi formé sera ce qu'on appelle une *pyramide*. fig. 255.

Le polygone A B C D E est la *base* de la pyramide ; le point S en est le *sommet*; la perpendiculaire SH abaissée du sommet sur la base, ou la distance du sommet à la base, en est la *hauteur*.

La pyramide est dite *triangulaire*, *quadrangulaire*, *pentagonale*, etc., suivant que la base est un triangle, un quadrilatère, un pentagone, etc.

On appelle pyramide *régulière* celle qui a pour base un polygone régulier A B C D E F, et pour sommet un point pris sur la perpendiculaire, élevée par le centre O, au plan de la base. Par conséquent, les faces latérales sont des triangles isoscèles égaux. La hauteur commune SG de ces triangles est l'*apothème* ou le *côté* de la pyramide régulière. fig. 256.

367. *La surface latérale d'une pyramide régulière est égale au produit du périmètre de sa base par la moitié de l'apothème.*

Car la surface latérale se compose de triangles ayant tous la hauteur égale à l'apothème S G de la pyramide, et pour bases les divers côtés du polygone A B C D E F qui sert de base à la pyramide. fig. 256.

La surface de la base est égale au produit du périmètre par $\frac{1}{2}$ de son apothème OG*; donc : *la surface totale d'une pyramide régulière est égale au* * 262.

13

produit du périmètre de la base par la demi-somme des apothèmes SG, GO de la pyramide et de sa base.

N. B. La *surface d'une pyramide quelconque s'obtient* en prenant séparément les surfaces de chacune des faces latérales et de la base, et faisant la somme.

fig. 255.   368. *Toute section* a b c d e *d'une pyramide par un plan parallèle à la base est un polygone semblable à la base.*

En effet, la base et la section ayant les côtés parallèles chacun à chacun, comme intersections de deux plans parallèles par une troisième, ont les angles égaux. De plus, à cause des parallèles AB, ab, $AB:ab::SB:sb$. Menant le plan de l'arête SB et de la hauteur SH qui coupe la base suivant BH et la section suivant la parallèle bh, on a aussi $SH:sh ::SB:sb$; donc, à cause du rapport commun, on a $AB:ab::SH:sh$. Ainsi, deux côtés homologues quelconques de la base et de la section sont dans le rapport des distances SH et sh de leurs plans au sommet. Donc les polygones ont aussi les côtés proportionnels et sont semblables.

369. *La surface de la base d'une pyramide et celle d'une section parallèle sont dans le rapport des carrés des distances de leurs plans au sommet de la pyramide.*

fig. 255.   En effet, les polygones $ABCDE$, $abcde$ étant semblables, sont dans le rapport des carrés des côtés

* 293.   homologues*, c'est-à-dire $::AB^2:ab^2$. Mais $AB:ab$

* 368. $::SH:sh$* : donc $AB^2:ab^2::SH^2:sh^2$. Par conséquent, $ABCDE:abcde::SH^2:sh^2$.

Conséquence : *Si deux pyramides ont des bases équivalentes et des hauteurs égales, les sections parallèles, également distantes des bases, dans l'une et dans l'autre pyramide, seront aussi équivalentes.*

370. *Deux pyramides quelconques de bases équivalentes et de même hauteur sont équivalentes en volume.*

Coupons de part et d'autre les deux pyramides par
un même nombre de plans parallèles et également
distants, et sur chacune des sections, comme bases,
imaginons des prismes extérieurs. Ces prismes ayant
des bases équivalentes* et des hauteurs égales, seront   * 369.
équivalents en volume *. Cela aura lieu quelle que soit   * 364.
la distance des plans parallèles, et par conséquent si
l'on suppose la distance de ces plans infiniment petite ;
mais alors les sommes de prismes de part et d'autre
sont les volumes des pyramides : donc, etc.

371. *Le volume d'une pyramide triangulaire ABCD*   fig. 257.
est égal au tiers du produit de sa base par sa hauteur.

Construisons un prisme triangulaire ABCDEF de
même base ABC, de même arête DB et par suite
de même hauteur DH que la pyramide : le volume
de ce prisme sera le tiers de celui de la pyramide.

En effet, après avoir retranché du prisme la pyramide donnée ABCD, il reste une pyramide quadrangulaire DACFE ayant pour sommet le point D, et
pour base le parallélogramme ACFE. Menant un
plan par le sommet D et la diagonale EC, cette
pyramide quadrangulaire se décompose en deux
pyramides triangulaires DACE, DCEF de bases
égales et de même hauteur ; par conséquent ces pyramides triangulaires sont équivalentes *. Mais l'une   * 370.
d'elles, DCEF, est aussi équivalente à la pyramide
donnée ABCD, car elles ont des bases EDF, ABC
égales et même hauteur DH : donc la pyramide
donnée ABCD est le tiers du prisme ABCDEF de

même base et de même hauteur. Or, le volume du prisme est égal à $ABC \times DH$*; par conséquent celui de la pyramide est égal à $\frac{1}{3} ABC \times DH$, c'est-à-dire au tiers du produit de sa base par sa hauteur.

372. *Le volume d'une pyramide quelconque est égal au tiers du produit de sa base par sa hauteur.*

Décomposons la base de la pyramide en triangles par des diagonales menées d'un sommet à tous les autres; par chacune de ces diagonales et le sommet de la pyramide faisons passer des plans; la pyramide se trouvera ainsi partagée en pyramides triangulaires. Or, le volume de chacune de ces pyramides triangulaires s'obtient en multipliant le triangle, qui lui sert de base, par le tiers de sa hauteur*, qui est celle de la pyramide totale : donc le volume de cette pyramide, égal à la somme des volumes des pyramides triangulaires, s'obtiendra en multipliant la somme des triangles de sa base, ou la surface de cette base, par le tiers de la hauteur.

* 373. *Le volume d'un tronc de prisme triangulaire ABCDEF est équivalent à la somme des volumes de trois pyramides qui auraient pour base commune l'une des deux bases du tronc, et pour sommets les trois sommets de l'autre base.*

En effet, un plan passant par les trois points E, A, C, détache une première pyramide EABC qui a la base ABC du tronc et le sommet E de l'autre base. Il reste une pyramide quadrangulaire EDACF que l'on décompose par un plan conduit suivant les trois points D, E, C, en deux pyramides triangulaires EDAC, EDCF.

La pyramide E D A C, considérée comme ayant pour base le triangle A D C, ne change pas de volume si l'on suppose que le sommet E soit remplacé par le sommet B, puisque E B étant parallèles au plan A D C, le point B est à la même distance de la base A D C que le point E. Ainsi la pyramide E A D C est équivalente à la pyramide B A D C* qui a pour base A B C et pour sommet le point D.

* 370.

De même la troisième pyramide E D C F peut être considérée comme ayant son sommet en B, et devient la pyramide B D C F; laquelle a pour base le triangle B C F et pour sommet le point D : or, en déplaçant ce sommet suivant l'arête D A, parallèle à la base B C F, son volume ne change pas*; et si on suppose le sommet D en A, on obtient la pyramide A B C F qui a pour base A B C et pour sommet le point F.

* 370.

N. B. Si le prisme est droit, les arêtes D A, E B, F C sont les hauteurs des trois pyramides dont la somme est égale au volume du tronc. Ainsi le volume du tronc est égal à $\frac{1}{3}$ A B C $\times$ (D A $+$ E B $+$ F C), c'est-à-dire au tiers du produit de la base par la somme des trois arêtes.

374. Le volume d'un tronc de prisme triangulaire est aussi égal au tiers du produit de la section droite par la somme des trois arêtes.

En effet, la section droite M N Q décompose le tronc de prisme en deux troncs de prismes droits. Le volume du premier M N Q D E F est égal à

fig. 259.

$$\tfrac{1}{3} MNQ(MD + EN + FQ)*.$$

* 373.

Celui du second M N Q A B C est égal à

$$\tfrac{1}{3} MNQ(MA + NB + CQ).$$

198

Ajoutant, on a pour volume total
$$\tfrac{1}{3}\,MNQ\,(AD+BE+CF),\ \text{c. q. f. d.}$$

*375. *Le volume d'un tronc de parallélipipède est égal au produit de la section droite par la ligne qui joint les points où se coupent les diagonales de ses bases.*

fig. 260.

En effet, le tronc de prisme triangulaire ABDEFH
* 374.
a pour volume $\tfrac{1}{3}\,MQN\times(AE+BF+DH)^{*}$; de même le tronc de prisme BCDFGH a pour volume
$$\tfrac{1}{3}\,NPQ\times(CG+BF+DH).$$

Ajoutant, à cause de NPQ=MQN, on a pour le volume du tronc de parallélipipède
$$\tfrac{1}{3}\,MQN\,(AE+CG+2\,BF+2\,DH).$$

Mais le trapèze AECG donne AE+CG=2OO'; le trapèze FBDH donne BF+DH=2OO'; d'où 2BF+2DH=4OO'; substituant, il vient, pour l'expression du volume, $\tfrac{1}{3}\,MQN\times6OO'=2\,MQN\times OO'=MNPQ\times OO'$, c. q. f. d.

* 376. *Un tronc de pyramide, déterminé par une section parallèle à sa base, est équivalent à la somme de trois pyramides qui auraient toutes les trois la hauteur du tronc; et pour bases, l'une la base inférieure du tronc, l'autre la base supérieure, et la troisième une moyenne proportionnelle entre les deux bases.*

fig. 261.

Soit une pyramide quelconque ayant pour sommet S et pour base le polygone P. Coupons la pyramide par un plan parallèle à la base qui donne une section p. Sur le plan de la base imaginons un triangle ABC équivalent au polygone P, et supposons une pyramide triangulaire OABC de la même hauteur : le plan de la section p détermine dans la pyramide triangulaire
* 369.
une section FDE équivalente à p*.

Cela posé, la pyramide O A B C a même volume que la pyramide donnée* ; la pyramide O F D E a même volume que la pyramide dont le sommet est S et la base p : donc le tronc de pyramide triangulaire A B C D E F est équivalent au tronc de pyramide quelconque : ainsi il suffit de démontrer la proposition pour le seul cas du tronc de pyramide triangulaire. * 372.

En faisant passer un plan par les trois points D, A, C, on obtient la pyramide A B C D qui a la hauteur du tronc et pour base la base inférieure A B C de ce tronc. Il reste la pyramide quadrangulaire D A F E C qui se décompose, par le plan F D C, en deux pyramides triangulaires D E C F, D F A C.

La pyramide D E C F, considérée comme ayant son sommet en C, a pour base la base supérieure E D F du tronc et pour hauteur la hauteur de ce tronc.

La pyramide D F A C ne change pas de volume si l'on transporte son sommet D en G, sur DG parallèle à l'arête A E, et par conséquent au plan de sa base F A C. Alors cette pyramide a pour sommet F et pour base le triangle A C G ; elle a donc aussi la hauteur du tronc, et il reste à prouver que la base A C G est moyenne proportionnelle entre les deux bases A B C, D E F du tronc. Pour cela, menons par le point G une parallèle G K à B C et par suite à D E. Le triangle A G K est égal à la base supérieure E D F , comme ayant A G = F D, l'angle F = l'angle A , et l'angle G = l'angle B = l'angle D.

Les deux triangles A B C, A G C, ayant même hauteur, sont comme leurs bases. Ainsi :

$$ABC : AGC :: AB : AG.$$

Les deux triangles A G C, et A G K ou son égal D E F, ayant même hauteur, sont comme leurs bases. Ainsi :

$$AGC:DEF::AC:AK.$$

Mais à cause de G K parallèle à BC, on a

$$AB:AG::AC:AK.$$

Donc, à cause de ces rapports égaux, on a :

$$ABC:AGC::AGC:DEF. \text{ c. q. f. d.}$$

N. B. H représentant la hauteur, et B, b les deux bases du tronc, on a pour les volumes des trois pyramides : $\frac{1}{3}H \times B$, $\frac{1}{3}H \times b$ et $\frac{1}{3}H \times \sqrt{\overline{B \times b}}$, et pour le volume du tronc, $V = \frac{1}{3}H(B + b + \sqrt{\overline{B \times b}})$.

377. *Volume d'un polyèdre quelconque.*

On peut évaluer le volume d'un polyèdre en le décomposant en pyramides, et cette décomposition peut se faire de plusieurs manières : soit en considérant un point dans l'intérieur du polyèdre, et imaginant des pyramides ayant toutes leur sommet en ce point et pour bases les diverses faces du polyèdre ; soit en prenant pour sommet commun des pyramides un des sommets du polyèdre, et pour bases les différentes faces du polyèdre, excepté celles qui forment l'angle solide qui a pour sommet le sommet commun de ces pyramides.

Plus généralement on peut décomposer le polyèdre en parties dont on saurait évaluer le volume et faire ensuite la somme de ces volumes partiels. Le plus souvent la recherche du volume sera facilitée par quelque particularité de la forme du polyèdre.

On peut enfin déduire le volume d'un corps de son poids lorsque l'on connaît sa *densité*.

P étant le poids d'un corps de forme quelconque

et D sa densité ; un volume d'eau égal à celui du corps pèserait $\frac{P}{D}$. Par conséquent, si l'on évalue le poids P du corps en kilogrammes ; comme un litre, ou un décimètre cube d'eau, pèse 1 kilogramme, le volume contiendra autant de décimètres cubes que $\frac{P}{D}$ contiendra de kilogrammes.

Par ex., le volume d'un bloc de marbre qui pèse 4824 kil., en supposant la densité du marbre égale à 3, est $4824 : 3 = 1608$ décimètres cubes ou 1^{mc} 608^{dc}.

§ 29. — DES POLYÈDRES SEMBLABLES.

378. On appelle pyramides *semblables* des pyramides qui ont les bases et les faces latérales semblables chacune à chacune et les angles, dièdres ou polyèdres, homologues égaux.

379. *Si on mène un plan* abcde *parallèle à la base* ABCDE *d'une pyramide* SABCDE, *on obtient une pyramide* sabcde *semblable à* SABCDE.

fig. 255.

En effet, les bases abcde, ABCDE sont semblables, comme on l'a déjà démontré * ; les côtés de la section étant parallèles à ceux de la base, les faces latérales des deux pyramides sont aussi semblables. Les angles dièdres homologues sont égaux, soit comme ayant les mêmes faces, soit comme correspondants. Enfin les angles polyèdres sont égaux, car l'angle polyèdre S est commun ; et les angles trièdres A et a, B et b, etc., sont égaux comme ayant les faces égales, puisque ces faces sont des angles homologues de polygones semblables.

* 368.

N. B. *Les arêtes homologues et les hauteurs SH, sh des deux pyramides sont proportionnelles.*

380. *Deux pyramides sont semblables lorsqu'elles ont un angle trièdre égal compris entre trois faces semblables chacune à chacune.*

fig. 262. Soient les deux pyramides SABCDE, sabcde qui ont le trièdre A égal au trièdre a; la face ABCDE semblable à abcde; la face SAB semblable à sab, et la face SAE semblable à sae.

Sur l'arête SA prenons SF égal à sa, et menons par le point F un plan parallèle à la base. Nous obtiendrons ainsi une pyramide SFGHKL semblable à la pyramide SABCDE[*], et il reste à démontrer qu'elle est égale à la pyramide sabcde.

379.

$$\text{On a} \quad ABCDE : abcde :: SA^2 : sa^2,$$
$$\text{Et} \quad ABCDE : FGHKL :: SA^2 : SF^2.$$

A cause de SF=sa, les polygones abcde, FGHKL sont donc égaux. De même le triangle sab est égal à SFG, et le triangle sae égal au triangle SFL; ainsi les deux pyramides sabcde, SFGHKL ont le trièdre F égal au trièdre a; et en superposant ces trièdres, on opère la superposition des deux pyramides.

381. *Deux pyramides triangulaires sont semblables lorsqu'elles ont un angle dièdre égal compris entre deux faces semblables chacune à chacune.*

fig. 263. Soient les deux pyramides SABC, sabc qui ont le dièdre dont l'arête est SB égal à celui dont l'arête est sb, la face ASB semblable à asb, et la face BSC semblable à bsc.

Prenons BE=bs, et par le point E faisons passer un plan parallèle à la face SAC. La pyramide triangulaire B D E F est semblable à la pyramide S A B C*,

et il reste à démontrer qu'elle est égale à la pyramide s a b c. Les triangles E B D, s b c sont tous les deux semblables à S B C et ont le côté B E égal au côté s b : donc les faces E B D, s b c sont égales. De même la face E B F est égale à s b a, et le dièdre S B étant égal par hypothèse au dièdre s b; les deux pyramides B D E F, s a b c sont superposables.

382. *Deux pyramides triangulaires qui ont les côtés homologues proportionnels sont semblables.*

En effet, à cause de S A : s a : : S B : s b : : A B : a b, la face A S B est semblable à a s b; à cause de S B : s b : : B C : b c : : S C : s c, la face S B C est semblable à s b c. A cause de A B : a b : : B C : b c : : A C : a c, la face A B C est semblable à a b c : donc les faces du trièdre B sont égales à celles du trièdre b; par suite le dièdre dont l'arête est S B est égal à celui dont l'arête est s b. Ainsi les deux pyramides, ayant un dièdre égal compris entre deux faces semblables chacune à chacune, sont semblables*.

383. On appelle polyèdres *semblables* ceux qui ont les faces homologues semblables chacune à chacune et également inclinées, et les angles polyèdres égaux.

384. *Deux polyèdres composés d'un même nombre de pyramides semblables chacune à chacune et semblablement disposées sont semblables.*

Car, en considérant deux faces homologues des deux polyèdres, il ne peut arriver qu'un de ces deux cas : ces faces sont des bases ou des faces homologues de pyramides semblables : donc elles sont semblables*; ou bien, elles se composent d'un même nombre de

* 379.

fig. 263.

* 381.

* 376.

triangles semblables chacun à chacun comme faces homologues de pyramides semblables : donc elles sont encore semblables *.

De même, considérant deux angles dièdres homologues des deux polyèdres, ces dièdres sont égaux ou comme dièdres homologues ou comme somme de dièdres homologues de pyramides semblables et semblablement disposées *.

Enfin, considérant deux angles solides homologues des deux polyèdres, ces angles sont égaux comme angles solides homologues ou comme somme d'angles solides homologues de pyramides semblables et semblablement disposées.

N. B. *Les arêtes homologues et les diagonales homologues des polyèdres semblables sont proportionnelles* comme arêtes homologues de pyramides semblables.

385. Réciproquement. *Deux polyèdres semblables sont décomposables en un même nombre de pyramides semblables et semblablement disposées.*

Soient A et a deux sommets homologues des deux polyèdres, supposons que l'on décompose en triangles les faces homologues de ces deux polyèdres excepté celles qui aboutissent aux sommets A et a, les deux polyèdres pourront être considérés comme formés d'un même nombre de tétraèdres ayant pour bases ces divers triangles et pour sommets les points A et a, et ces tétraèdres seront semblablement disposés de part et d'autre. Parmi ces tétraèdres, il sera toujours possible d'en trouver deux ABCF, abcf, tels que les faces ABC, ABF du premier forment un dièdre du premier polyèdre, et les faces abc, abf du second forment le dièdre homologue du second polyèdre. Ces deux té-traèdres, ayant ainsi un dièdre égal compris entre deux faces semblables, chacune à chacune, comme triangles homologues de polygones semblables, seront semblables *.

                                                                  * 381.

Faisant abstraction de ces deux tétraèdres, les polyèdres restant ayant encore leurs faces semblables et leurs angles dièdres ou polyèdres égaux, seront semblables. Opérant de même que sur les polyèdres primitifs, on trouvera deux autres tétraèdres semblables dont on pourra ensuite faire abstraction et ainsi de suite. Ainsi *les deux polyèdres sont décomposables en un même nombre de tétraèdres semblables et semblablement disposés.* Par suite ils sont décomposables en un même nombre de pyramides semblables et semblablement disposées, que l'on peut considérer comme ayant pour sommets A et a, et pour bases les diverses faces du polyèdre, excepté celles qui forment les angles solides A, a. Car ces pyramides sont formées de part et d'autre d'un même nombre de tétraèdres semblables et semblablement disposés *.

                                                                   * 384.

386. *Les surfaces des polyèdres semblables sont dans le rapport des carrés des arêtes homologues.*

Car les faces homologues des deux polyèdres, étant semblables, sont dans le rapport des carrés de leurs côtés homologues, qui sont des arêtes homologues des deux polyèdres : donc, de part et d'autre, la somme des faces, ou les surfaces totales des deux polyèdres, sont dans le rapport des carrés des arêtes homologues.

N. B. *Ces surfaces sont aussi dans le rapport des carrés des diagonales homologues.* Car les diagonales sont proportionnelles aux arêtes.

Trouver le rapport de ces surfaces en lignes.

A, a étant deux arêtes ou deux diagonales homologues, on cherchera deux lignes qui soient dans le rapport des carrés A^2, a^2 *.

387. *Les volumes de deux pyramides semblables sont dans le rapport des cubes des arêtes homologues.*

Soient deux pyramides semblables S A B C D E, s a b c d e.

La base A B C D E étant semblable à la base a b c d e,
$$\text{A B C D E} : \text{a b c d e} :: \text{A B}^2 : \text{a b}^2.$$

Les hauteurs S O, s o étant proportionnelles aux arêtes,
$$\text{SO} : \text{so} :: \text{AB} : \text{ab}, \text{ ou } \tfrac{1}{3}\text{SO} : \tfrac{1}{3}\text{so} :: \text{AB} : \text{ab};$$
et multipliant les proportions terme à terme,
$$\text{A B C D E} \times \tfrac{1}{3}\text{SO} : \text{a b c d e} \times \tfrac{1}{3}\text{so} :: \text{A B}^3 : \text{a b}^3.$$

Or, A B C D E $\times \tfrac{1}{3}$ SO est le volume de la pyramide S A B C D E *, et a b c d e $\times \tfrac{1}{3}$ s o celui de la pyramide s a b c d e : donc, etc.

388. *Les volumes de deux polyèdres semblables sont dans le rapport des cubes des arêtes homologues.*

Car deux polyèdres semblables sont décomposables en un même nombre de pyramides semblables chacune à chacune *; et les volumes de ces pyramides semblables sont dans le rapport des cubes des arêtes homologues, qui sont arêtes homologues des deux polyèdres.

N. B. *Ces volumes sont aussi dans le rapport des cubes des diagonales homologues.*

* **389.** *Trouver en lignes le rapport des volumes de deux polyèdres semblables.*

Soient A, a deux arêtes ou deux diagonales homologues des deux polyèdres semblables.

Construisons un triangle rectangle E C D ayant pour côtés de l'angle droit CD=A et CE=a. Aux points D et E élevons des perpendiculaires à l'hypoténuse ED jusqu'à la rencontre de EC et DC prolongés, et CF, CH seront les lignes demandées. En effet, le triangle rectangle EDF donne $CF \times a = A^2$; le triangle rectangle DEH donne $CH \times A = a^2$: donc

$$\frac{CF \times a}{CH \times A} = \frac{A^2}{a^2} ;$$ et multipliant de part et d'autre par $\frac{A}{a}$,

il vient $\frac{CF}{CH} = \frac{A^3}{a^3}$. c. q. f. d.

§ 30. — DU CYLINDRE.

390. On appelle cylindre le solide engendré par la révolution d'un rectangle A B C D autour d'un de ses côtés A B, supposé immobile, qui est dit l'*axe* du cylindre. Dans ce mouvement, les côtés A D, B C restant perpendiculaires à l'axe A B, décrivent deux cercles égaux et parallèles, qu'on nomme les *bases* du cylindre, et le côté C D décrit la *surface latérale* du cylindre.

La section d'un cylindre par un plan perpendiculaire à l'axe est un cercle égal à chacune des bases.

Car, pendant que le rectangle tourne autour de A B, toute ligne E F, perpendiculaire à l'axe, décrit un cercle égal à la base, et ce cercle est la section faite perpendiculairement à l'axe au point E.

La section par un plan passant par l'axe est un rectangle DCC'D' double du rectangle générateur.

391. *La surface latérale d'un cylindre est égale au produit de la circonférence de sa base par sa hauteur.*

Inscrivons ou circonscrivons à la circonférence de la base un polygone régulier, et imaginons un prisme droit ayant pour base ce polygone et pour hauteur celle du cylindre. La surface latérale de ce prisme droit sera égale au produit du périmètre de sa base par sa hauteur*. Cela aura lieu quel que soit le nombre des côtés du polygone régulier, et par conséquent si le nombre des côtés du polygone devient infiniment grand. Mais alors le périmètre du polygone se confond avec la circonférence de la base du cylindre, et la surface latérale du prisme avec celle du cylindre, d'où résulte la proposition énoncée.

Ainsi : R désignant le rayon d'un cylindre, H sa hauteur et S la surface latérale, on a

$$S = 2\pi R H.$$

N. B. Pour avoir la surface totale T, il faut ajouter les surfaces des deux bases, ou le double de l'une d'elles, c'est-à-dire $2\pi R^2$; ce qui donne

$$T = 2\pi R H + 2\pi R^2 = 2\pi R (H + R).$$

Cette formule fait voir qu'*en augmentant la hauteur d'un cylindre d'une quantité égale au rayon de la base, la surface latérale du nouveau cylindre devient égale à la surface totale du premier.*

392. *Le volume d'un cylindre est égal au produit de la surface de sa base par sa hauteur.*

Inscrivons ou circonscrivons au cercle de la base un polygone régulier, et imaginons un prisme droit ayant pour base ce polygone et pour hauteur celle du cylindre. Le volume de ce prisme sera égal au produit de la surface du polygone qui lui sert de base par la hauteur*. Cela aura lieu quel que soit le nombre des côtés du polygone régulier, et par conséquent si le nombre des côtés du polygone devient infiniment grand. Mais alors la surface du polygone se confond avec celle de la base du cylindre, et le volume du prisme avec celui du cylindre, d'où résulte la proposition énoncée.

Ainsi R désignant le rayon d'un cylindre, H sa hauteur et V son volume, on a

$$V = \pi R^2 \times H.$$

393. On appelle cylindres *semblables* ceux qui sont engendrés par des rectangles semblables.

Par conséquent, *deux cylindres semblables ont les hauteurs dans le rapport des rayons des bases.*

394. *Les surfaces des cylindres semblables sont dans le rapport des carrés des rayons, ou des carrés des hauteurs.*

R et R' étant les rayons de deux cylindres semblables, H et H' les hauteurs; par hypothèse $\frac{R}{R'} = \frac{H}{H'}$. S et S' désignant les surfaces latérales de ces cylindres, $S = 2\pi R \times H$ et $S' = 2\pi R' \times H'$: donc $\frac{S}{S'} = \frac{R}{R'} \times \frac{H}{H'}$: ou,

comme $\frac{R}{R'} = \frac{H}{H'}$; $\frac{S}{S'} = \frac{R^2}{R'^2} = \frac{H^2}{H'^2}$. c. q. f. d.

De même T, T' désignant les surfaces totales, $T = 2\pi R (R + H)$, et $T' = 2\pi R' (R' + H')$:

donc $\frac{T}{T'} = \frac{R(R + H)}{R'(R' + H')}$: ou, comme $\frac{R}{R'} = \frac{H}{H'} = \frac{R + H}{R' + H'}$;

$\frac{T}{T'} = \frac{R^2}{R'^2} = \frac{H^2}{H'^2}.$

395. *Les volumes des cylindres semblables sont dans le rapport des cubes des rayons ou des cubes des hauteurs.*

V et V' désignant les volumes des deux cylindres,

$V = \pi R^2 H$ et $V' = \pi R'^2 H'$, d'où $\dfrac{V}{V'} = \dfrac{R^2 H}{R'^2 H'}$; et à cause de

$\dfrac{R}{R'} = \dfrac{H}{H'}$ $\dfrac{V}{V'} = \dfrac{R^3}{R'^3} = \dfrac{H^3}{H'^3}$. c. q. f. d.

N. B. En général, on appelle *surface cylindrique* celle qui est engendrée par une droite qui se meut parallèlement à elle-même en passant par les divers points d'une courbe. La droite est dite la *génératrice* et la courbe la *directrice* de la surface cylindrique.

La portion de la surface cylindrique, comprise entre deux plans parallèles, est ce qu'on appelle un *cylindre*. On voit que nous avons restreint la signification de ce mot au cas où la directrice étant un cercle, la génératrice est perpendiculaire au plan de ce cercle.

Un cylindre quelconque pouvant être considéré comme un prisme d'une infinité de faces,

La surface latérale d'un cylindre quelconque est égale au périmètre de la section droite par la génératrice ;

Le volume d'un cylindre quelconque est égal au produit de la base par la hauteur, ou au produit de la surface d'une section droite par la génératrice.

§ 31. — DU CÔNE.

396. On appelle *cône* le solide engendré par un triangle rectangle S O A tournant autour de l'un des côtés SO de l'angle droit, supposé fixe, qui est dit *l'axe* du cône. Dans ce mouvement, l'autre côté O A

fig. 267.

de l'angle droit décrit un cercle, perpendiculaire à l'axe, qui est la *base* du cône, et l'hypoténuse S A, que l'on appelle le *côté* ou l'*apothème* du cône, en décrit la *surface latérale*. Le point S est dit le *sommet* du cône.

La section d'un cône par un plan perpendiculaire à l'axe est un cercle.

La section par un plan passant par l'axe est un triangle isoscèle, S A B, *double du triangle générateur* S A O.

397. *La surface latérale d'un cône est égale au produit de la circonférence de sa base par la moitié de son côté.*

Inscrivons ou circonscrivons à la base du cône un polygone régulier, la surface latérale de la pyramide régulière, qui aurait ce polygone pour base et pour sommet celui du cône, serait égale* au produit du périmètre du polygone par le côté de la pyramide, qui est celui du cône, et cela quel que fût le nombre des côtés du polygone régulier : donc, etc.

* 367.

Soit R le rayon d'un cône et H sa hauteur, on a pour le côté $\sqrt{R^2+H^2}$; appelant S la surface latérale du cône, $S = \pi R \times \sqrt{R^2+H^2}$. En désignant par C le côté du cône $S = \pi R C$.

N. B. La circonférence décrite par le milieu D du côté S A d'un cône est égale à la moitié de la circonférence de la base : donc *la surface latérale du cône est aussi égale au produit de son côté par la circonférence décrite par le milieu de ce côté.*

fig. 267.

Pour avoir la surface totale T, il faut ajouter la surface de la base ou πR^2, ce qui donne

$$T = \pi R(R+C) = \pi R(R + \sqrt{R^2+H^2}).$$

398. *Le volume d'un cône est égal au produit de sa base par le tiers de sa hauteur.*

Le volume d'une pyramide qui aurait pour base un polygone inscrit ou circonscrit à la base du cône et pour sommet celui du cône s'obtiendrait * en multipliant la surface du polygone par le tiers de la hauteur du cône, et cela quel que fût le nombre des côtés du polygone : donc, etc.

399. *La surface latérale d'un tronc de cône est égale au produit de son côté* A B *par la demi-somme des circonférences de ses deux bases.*

En effet, dans un plan S A D, passant par l'axe S D du cône total, menons perpendiculairement à S A une ligne A E que nous supposerons égale à la longueur de la circonférence D A ; joignons S E, et menons B F parallèle à A E : je dis d'abord que B F sera égale à la longueur de la circonférence C B. Car cir. D A : cir. C B : : D A : C B *.

Mais à cause de C B parallèle à D A, on a

$$DA:CB::SA:SB.$$

Donc cir. D A : cir. C B : : S A : S B.

B F étant parallèle à A E, on a aussi

$$AE:BF::SA:SB.$$

Donc cir. D A : cir. C B : : A E : B F.

Or, A E est égale en longueur à cir. D A : donc B F est aussi égale en longueur à cir. C B.

Cela posé, la surface du triangle S A E, égale à $\frac{1}{2}$ A E $\times$ S A, est la même que la surface latérale du cône S D A, égale à $\frac{1}{2}$ cir. D A $\times$ S A.

De même, la surface du triangle S B F, égale à $\frac{1}{2}$ B F $\times$ S B, est la même que la surface latérale du cône S C B, égale à $\frac{1}{2}$ cir. C B $\times$ S B.

Donc la surface latérale du tronc de cône est égale à

celle du trapèze A B F E , c'est-à-d. à $\frac{1}{2}$ (A E + B F) × A B, ou à $\frac{1}{2}$ (cir. D A + cir. C B) × A B.

R et r désignant les rayons et C le côté du tronc de cône, on a pour la surface $S = \pi$ (R + r) C.

N. B. Par le point G , milieu de A B, menons G H parallèle à A D et G L parallèle à A E , on démontrera comme ci-dessus que G L = cir. G H. Or, G L = $\frac{1}{2}$ (A E + B F) : donc cir. G H = $\frac{1}{2}$ (cir. D A + cir. C B).

Ainsi la surface latérale d'un tronc de cône est égale au produit de son côté par la circonférence décrite par le milieu G de ce côté; cette expression est aussi celle de la surface du cône.

400. *Le volume d'un tronc de cône est égal à la somme de trois cônes qui auraient tous les trois la hauteur du tronc, et pour bases l'un la base inférieure , l'autre la base supérieure, et le troisième une moyenne proportionnelle entre les deux bases du tronc.*

Car un tronc de cône peut être considéré comme un tronc de pyramide ayant pour base un polygone régulier d'une infinité de côtés.

Autre démonstration. Imaginons une pyramide triangulaire O E F G ayant même hauteur que le cône S A D duquel provient le tronc de cône, et une base E F G équivalente à la base inférieure de ce tronc. Supposons la pyramide et le cône reposant par leurs bases sur un même plan. Le plan de la base supérieure du tronc de cône donne dans la pyramide une section H K L parallèle à E F G.

Je dis d'abord que cette section H K L est équivalente à la base supérieure du tronc de cône.

Car les cercles A D et C B sont dans le rapport

fig. 209.

des carrés des rayons *, et par suite dans le rapport des carrés des distances S D , S C de leurs plans au sommet S du cône. Les triangles E F G , H K L sont aussi dans le même rapport * : donc cercle A D : cercle C B : : E F G : H K L ; et comme E F G est équivalent à cercle A D , H K L est équivalent à cercle C B.

Cela posé, la pyramide O E F G a même volume que le cône S A D , et la pyramide O H K L a même volume que le cône S B C : donc le tronc de cône a même volume que le tronc de pyramide H K L E F G de bases équivalentes et de même hauteur; d'où résulte la proposition énoncée ; et en désignant les rayons par R , r et par H la hauteur , $V = \frac{1}{3} \pi H (R^2 + r^2 + R r)$.

401. On appelle cônes *semblables* ceux qui sont engendrés par des triangles rectangles semblables.

Par conséquent, *deux cônes semblables ont les hauteurs dans le rapport des rayons des bases ou dans le rapport des côtés des cônes.*

402. *Les surfaces des cônes semblables sont dans le rapport des carrés des rayons , des carrés des hauteurs , ou des carrés des côtés ; les volumes sont dans le rapport des cubes des mêmes lignes.*

Même démonstration que pour les cylindres semblables *.

En général, on appelle *surface conique* celle qui est engendrée par une droite assujettie à passer dans toutes ses positions successives par un point fixe qui est le *sommet*, et par les divers points d'une courbe qui est la *directrice* de la surface conique. La droite en est la *génératrice*. Les deux parties de la droite que sépare le sommet décrivent deux surfaces distinctes que l'on appelle les deux *nappes* de la surface conique.

On appelle cône la section par un plan qui rencontre toutes les génératrices d'un même côté du sommet. Ainsi on voit que nous avons restreint la signification du mot cône au cas où, la directrice étant un cercle, le sommet est situé sur une perpendiculaire au plan de ce cercle passant par le centre.

Un cône quelconque peut être considéré comme une pyramide d'une infinité de faces : ainsi *la surface latérale d'un cône quelconque ne peut s'obtenir qu'approximativement* en décomposant cette surface en éléments triangulaires, par ex., dont on évalue séparément les aires pour en faire ensuite la somme ; mais *le volume d'un cône quelconque s'obtient en multipliant la surface de sa base par $\frac{1}{3}$ de sa hauteur.*

§ 32. — DE LA SPHÈRE.

403. La *sphère* est un solide terminé par une surface courbe dont tous les points sont également distants d'un point intérieur que l'on appelle *centre*.

Une droite menée du centre à la surface est un *rayon* de la sphère. On nomme *diamètre* de la sphère une droite qui, passant par le centre, se termine de part et d'autre à la surface de la sphère. D'après la définition de la sphère, *tous les rayons et par suite tous les diamètres de la sphère sont égaux.*

On peut aussi considérer la sphère comme une surface engendrée par la révolution d'une demi-circonférence autour de son diamètre. Le demi-cercle engendre en même temps le volume de la sphère.

404. *Toute section* B A D *de la sphère par un plan* M N *est un cercle.*

Car, en menant du centre les lignes C A, C B, C D... aux divers points de la courbe d'intersection, ces lignes étant égales, comme rayons de la sphère, s'écartent également du pied O de la perpendiculaire abaissée du centre de la sphère sur le plan de la section : donc la courbe B A D étant plane et ayant tous ses points à égale distance d'un point intérieur O, est un cercle.

Dans le triangle rectangle B O C, l'hypoténuse B C égale au rayon de la sphère, restant constante, le côté B O de l'angle droit, ou le rayon de la section augmente, si l'autre côté C O, ou la distance de la section au centre, diminue. Le rayon de la section ne devient égal à celui de la sphère que lorsque le plan coupant passe par le centre. On a alors un *grand cercle* de la sphère, et on voit que *tous les grands cercles de la sphère sont égaux* comme ayant même rayon que la sphère.

N. B. *Par un point de la surface de la sphère on peut faire passer une infinité d'arcs de grand cercle; mais par deux points de la surface de la sphère on ne peut faire passer* en général *qu'un seul arc de grand cercle,* à moins que ces deux points ne soient en ligne droite avec le centre, auquel cas on peut en faire passer une infinité.

On appelle *petit cercle* celui dont le plan ne passe pas par le centre de la sphère. Il faut trois points pris sur la surface de la sphère pour déterminer un plan de petit cercle.

Ainsi : *par un point ou par deux points de la surface*

*de la sphère on peut faire passer une infinité d'arcs de
petits cercles.*

405. *Tout grand cercle divise la sphère et sa surface
en deux parties égales.*

Car, si, après avoir séparé les deux hémisphères, on
les applique sur la base commune, en tournant leur
convexité du même côté, les deux surfaces coïncideront; ou il y aurait dans l'une ou dans l'autre des points
inégalement distants du centre, ce qui est contraire à
la définition de la sphère.

406. *Deux grands cercles de la sphère se coupent suivant un diamètre commun.*

Car leurs plans passent par le centre de la sphère,
qui est aussi le centre de ces grands cercles.

407. On appelle *pôles* d'un cercle de la sphère les
points de la surface également éloignés de tous les
points de la circonférence de ce cercle.

408. *Les extrémités d'un diamètre perpendiculaire
au plan d'un cercle de la sphère sont les pôles de ce cercle.*

Soit le cercle DEF et le diamètre AB de la
sphère perpendiculaire à son plan. fig. 271.

Tous les points de la circonférence DEF étant également
ment distants du centre O de la sphère, la perpendiculaire AB passe par le centre C de ce cercle.

Cela posé, si l'on joint le point A aux divers points
de la circonférence DEF, ces lignes sont égales,
comme obliques, s'écartent également du pied de la
perpendiculaire AC : ainsi le point A est le pôle de la
circonférence DEF; et l'on démontrerait de même
que le point B en est un second pôle.

409. Réciproquement, *Tout cercle DEF de la sphère* fig. 271.

peut être décrit par la pointe mobile d'un compas dont la pointe immobile serait en A, à l'extrémité du rayon O A perpendiculaire au plan du cercle.

Car le point A est à égale distance de tous les points de la circonférence D E F.

fig. 272.

N. B. On décrit les cercles sur la surface de la sphère au moyen d'un compas à branches recourbées, connu dans les arts sous le nom de *compas d'épaisseur.*

fig. 271.

Pour décrire un arc de grand cercle G K H, il faut prendre une ouverture de compas égale à la corde A G d'un quadrant, ou à l'hypoténuse d'un triangle rectangle isoscèle A O G dont les deux côtés de l'angle droit sont égaux au rayon de la sphère; les petits cercles, tels que D E F, se décrivent en prenant une ouverture de compas moindre.

** 410. Trouver, par une construction plane, le rayon d'une sphère.*

fig. 273.

D'un point D de la surface, avec une ouverture de compas quelconque D G, décrivons une circonférence de petit cercle. Marquons trois points A, B, C sur cette circonférence; rapportons sur le papier les trois distances A B, B C, A C, et construisons un triangle A B C ayant pour côtés ces trois distances. Le cercle circonscrit à ce triangle sera égal au cercle tracé sur la surface de la sphère, et par conséquent on connaîtra le rayon K G de ce dernier cercle.

Cela posé, en un point K' d'une droite quelconque élevons une perpendiculaire K' G' égale au rayon K G du cercle de la sphère. Du point G' comme centre avec l'ouverture G D de compas qui a servi à décrire le petit cercle, coupons cette droite en D', et élevons

G' F' perpendiculaire sur G' D', la ligne D' F' sera évidemment le diamètre de la sphère.

* 411. *Le lieu des points également distants des extrémités d'un arc de grand cercle A C B, sur la surface de la sphère, est la circonférence de grand cercle qui passe par le milieu C de l'arc, et dont le plan est perpendiculaire à celui de cet arc.*   fig. 274.

Menons la corde A B de l'arc A C B, et supposons un plan perpendiculaire sur le milieu D de cette corde. Ce plan sera le lieu géométrique des points de l'espace également distants des deux points A et B (facile à démontrer).

Donc le lieu des points également distants de A et de B sur la surface de la sphère est l'intersection de ce plan avec la surface de la sphère. Or, ce plan étant perpendiculaire sur le milieu de la corde A B, passe par le centre de la sphère et donne un grand cercle F C E dont le plan est perpendiculaire sur le plan du grand cercle A C B qui est conduit suivant la droite A B* : donc, etc.   * 332.

Ainsi, pour obtenir ce lieu, il suffit de décrire des points A et B comme pôles, avec la même ouverture de compas, des arcs qui se coupent en E et en F, et de faire passer une circonférence de grand cercle par ces deux points.

* 412. *Par deux points donnés A, B sur une sphère, faire passer une circonférence de grand cercle.*   fig. 275,

Il suffit de trouver le pôle de cette circonférence. Or, ce pôle P est distant de chacun des points A et B de la corde d'un quadrant. Donc, en cherchant préalablement le rayon de la sphère, s'il est inconnu*, et   * 410.

constuisant un triangle rectangle isoscèle ayant les côtés de l'angle droit égaux au rayon de la sphère, l'hypoténuse sera l'ouverture de compas au moyen de laquelle, décrivant des arcs des points A et B comme pôles, on trouvera le pôle P de la circonférence de grand cercle demandée. On décrira cette circonférence du point P comme pôle avec la même ouverture de compas.

*411.

fig. 274.

*** 413.** On vient de voir * comment on peut *tracer un arc de grand cercle* E F *perpendiculaire sur le milieu de l'arc* A B, ou comment on peut *diviser un arc* A B *en deux parties égales.*

Pour *élever par un point* C *un arc de grand cercle perpendiculaire à l'arc* A B, prenant à droite et à gauche des arcs A C, C B égaux, le problème revient à élever un arc perpendiculaire sur le milieu de l'arc A B.

Pour *abaisser d'un point* F *un arc perpendiculaire sur l'arc* A B, du point F comme pôle décrivant un arc qui coupe l'arc donné aux points A et B, le problème se ramène à élever un arc perpendiculaire sur le milieu de l'arc A B.

fig. 271.

*** 414.** *Par trois points* D, E, F *donnés sur une sphère, faire passer une circonférence de petit cercle.*

Les arcs de grands cercles élevés perpendiculairement par les milieux des arcs D E, E F et D F se coupent au même point A, également distants des trois points D, E, F : donc le point A est le pôle de la circonférence demandée que l'on décrira avec l'ouverture A D, par ex.

Un plan est dit *tangent* à la sphère lorsqu'il n'a qu'un point commun avec sa surface.

415. *Un plan perpendiculaire à l'extrémité d'un rayon est tangent à la sphère.*

Car, en joignant tout autre point du plan avec le centre de la sphère, on a une oblique plus longue que le rayon qui est perpendiculaire : donc le point est hors de la sphère.

N. B. Les autres propositions du ? 7, démontrées pour la tangente au cercle, ont leurs analogues pour le plan tangent à la sphère.

* 416. *Par un point extérieur à une sphère on peut mener une infinité de plans tangents à la sphère.*

Car, en faisant passer un plan par ce point et par le centre de la sphère, on obtient un grand cercle auquel on peut mener une tangente par le point. Un plan perpendiculaire au rayon du point de contact est tangent à la sphère et passe par le point donné.

Comme il existe une infinité de grands cercles dont les plans passent par le point donné, on a une infinité de plans tangents, et le lieu des points de contact est un cercle, base d'une surface conique dont le sommet est le point donné et qui est engendrée par le plan tangent dans son mouvement autour du point.

417. *La théorie du contact des sphères est aussi la même que celle du conctact des cercles.* Après avoir démontré que *deux sphères qui ont un point commun sur la ligne des centres se touchent*, il faut seulement remarquer que *deux sphères qui ont un point commun hors de la ligne des centres se coupent suivant un cercle qui a pour rayon la perpendiculaire abaissée du point commun sur la ligne des centres.*

* § 33. — DES TRIANGLES SPHÉRIQUES.

fig. 276.

418. On appelle *triangle sphérique* la partie A B C de la surface de la sphère comprise entre trois arcs de grand cercle.

Ces arcs, qui sont dits les *côtés* du triangle , sont toujours supposés moindres que la demi-circonférence.

On entend par *angle de deux arcs* de grands cercles, l'angle dièdre que font entre eux les plans de ces arcs.

419. En joignant les trois sommets A , B , C d'un triangle sphérique au centre de la sphère, on forme un trièdre A B C O dont les faces sont mesurées par les côtés du triangle , et dont les angles dièdres sont les angles du triangle.

Par conséquent, toutes les propositions démontrées (§ 25) sur les trièdres sont vraies pour les triangles sphériques , en appliquant aux côtés du triangle ce qu'on a dit des faces du trièdre , et aux angles du triangle ce qu'on a dit des angles dièdres du trièdre.

Ainsi : *un côté quelconque d'un triangle sphérique est moindre que la somme des deux autres*.*

* 337.

La somme des côtés est moindre qu'une circonférence.*

* 338.

*Dans un triangle sphérique , l'égalité des angles en-traîne celle des côtés opposés , et réciproquement *.*

* 339.

La somme des angles d'un triangle sphérique est moindre que six droits et plus grande que deux.*

* 342.

Deux triangles sphériques qui ont les côtés égaux ont les angles égaux, et réciproquement.*

* 343.

Deux triangles sphériques qui correspondent à deux trièdres symétriques sont eux-mêmes symétriques.*

* 344.

Deux triangles sphériques symétriques sont égaux en surface. *

Enfin il existe quatre cas d'égalité pour les triangles sphériques*. *Deux triangles sphériques,* appartenant à la même sphère ou à des sphères égales, *sont égaux lorsqu'ils ont :* 1° *les côtés égaux ;* 2° *les angles égaux ;* 3° *un angle égal compris entre deux côtés égaux ;* 4° *un côté égal compris entre deux angles égaux.*

420. *Le plus court chemin d'un point à un autre sur la surface de la sphère est l'arc de grand cercle* A B *qui joint ces deux points.*

Car, si le plus court chemin de A en B avait un point C, extérieur à l'arc de grand cercle A B, ce plus court chemin se composerait de celui de B en C et de celui de C en A. Par le point C faisons passer les arcs de grand cercle C B et C A, et prenons B D égal à B C. Le plus court chemin de B en C sera le même que celui de B en D, puisque, en faisant tourner le plan C B O autour du diamètre B O de la sphère, le point C viendrait en D : donc il faudrait que le plus court chemin de C en A fût moindre que celui de D en A. Or, le côté B A du triangle sphérique B C A est moindre que la somme des deux autres côtés B C+C A ; en retranchant de part et d'autre B D et son égal B C, il reste A D < A C. Prenant sur A C une longueur A E=A D, le plus court chemin de D en A sera égal au plus court chemin de A en E.

Il faudrait donc que le plus court chemin de C en A fût moindre que celui de E en A, ce qui est impossible, car les points C et E étant sur des cercles parallèles, toute ligne menée du point A au point C rencontre le

* 345.

* 346.

fig. 277.

plan du cercle qui contient le point E, et se compose d'une ligne égale à celle du point A au point E et de la partie qui, de plus, est comprise entre les deux cercles.

421. *L'angle* BAC *de deux arcs de grands cercles est égal à l'angle* DAE *que font les tangentes de ces arcs en* A, *et a aussi pour mesure l'arc de grand cercle* BC, *décrit entre les côtés, du sommet* A *comme pôle.*

Car, soit AF le diamètre de la sphère suivant lequel les plans des deux arcs AC, AB se coupent, l'angle dièdre dont l'arête est AF est l'angle des deux arcs*. Or, en menant les rayons OC, OB, perpendiculairement à ce diamètre, dans chacune des faces de ce dièdre, l'angle BOC, angle plan du dièdre, est égal à celui des deux tangentes AD, AE, comme ayant les côtés parallèles. De plus, cet angle est mesuré par l'arc BC décrit du point O comme centre avec OB pour rayon, et que l'on peut aussi supposer décrit du point A comme pôle avec la corde d'un quadrant.

422. *Si des trois sommets d'un triangle sphérique* ABC *comme pôles on décrit des arcs de grand cercle qui forment le triangle* DEF, *réciproquement les sommets* D, E, F *de ce triangle seront les pôles des côtés du triangle* ABC.

Car le point A étant le pôle de l'arc EF, la distance EA est un quadrant ; le point C étant le pôle de l'arc ED, la distance EC est aussi un quadrant : donc le point E est le pôle de l'arc AC.

On démontrerait de même que le point D est le pôle de l'arc BC et le point F celui de l'arc AB.

Deux triangles A B C , D E F , tels que les côtés de l'un ont pour pôles les sommets de l'autre, sont appelés, à cause de cela, *triangles polaires.*

423. *Étant donnés deux triangles polaires* A B C , fig. 279. D E F , *les angles de l'un ont pour suppléments les côtés , et les côtés pour suppléments les angles de l'autre.*

Car le sommet B étant le pôle de l'arc D F, si l'on prolonge les côtés B A , B C jusqu'à leur rencontre avec D F en G et en H, l'angle B a pour mesure l'arc G H. Or, cet arc G H est le supplément du côté D F ; car le point D étant le pôle de l'arc B C, l'arc $DH = \frac{1}{4}$ cir. De même, $FG = \frac{1}{4}$ cir. D'où $DH + FG = \frac{1}{2}$ cir. Mais $DH + FG = DF + GH$: donc $DF + GH = \frac{1}{2}$ cir. Ainsi G H, qui mesure l'angle B du premier triangle, a pour supplément le côté opposé D F du second triangle. On démontrerait de même que l'angle A a pour supplément le côté E F, et l'angle C pour supplément le côté E D.

Le sommet F étant le pôle de l'arc A B, l'angle F a pour mesure l'arc G K ; or, cet arc est le supplément du côté A B ; car le point B étant le pôle de l'arc D F, l'arc $BG = \frac{1}{4}$ cir. De même, l'arc $AK = \frac{1}{4}$ cir. D'où $BG + AK = \frac{1}{2}$ cir. Or, $BG + AK = GK + AB$: donc $GK + AB = \frac{1}{2}$ cir. On démontrerait de même que le côté A C est le supplément de l'angle E, et que le côté B C est le supplément de l'angle D.

N. B. Les triangles polaires sont analogues aux trièdres supplémentaires *.   * 340.

§ 34. — SURFACE DE LA SPHÈRE.

424. *La surface engendrée par une corde d'un cercle tournant autour d'un diamètre comme axe, est égale au produit de la circonférence qui a pour rayon la distance de la corde au centre par la projection de cette corde sur l'axe.*

fig. 280. 1° Supposons d'abord la corde AB ayant une de ses extrémités sur l'axe AG : la surface engendrée par cette corde, pendant que le demi-cercle tourne autour de AG, est celle d'un cône dont AB est le côté, et la perpendiculaire BC le rayon. Donc, en abaissant du point E, milieu du côté AB, une per-

* 407 n. b. pendiculaire EF sur l'axe, on a *

$$\text{Surf. } AB = 2\pi EF \times AB.$$

Joignant OE, les deux triangles rectangles ABC, EFO ayant les côtés perpendiculaires, sont semblables et donnent :

$$AB : OE :: AC : EF, \text{ d'où } EF \times AB = OE \times AC.$$

Remplaçant dans l'expression de surf. AB le produit $EF \times AB$ par son égal $OE \times AC$, il vient :

$$\text{Surf. } AB = 2\pi OE \times AC = \text{cir. } OE \times AC. \text{ c. q. f. d.}$$

fig. 281. 2° Supposons la corde AB quelconque ; la surface engendrée par cette corde est celle d'un tronc de cône dont la corde AB est le côté, et dont les perpendiculaires AH, BK sont les rayons des bases.

Or, en abaissant, du milieu E du côté, la perpen-

* 399 n. b. diculaire EF sur l'axe, on a *

$$\text{Surf. } AB = 2\pi EF \times AB.$$

Joignant OE et menant par le point A une parallèle

AC à l'axe, les triangles semblables ABC, OEF donnent :

$$AB:EO::AC:EF ; \quad \text{d'où} \quad EF\times AB = EO\times AC = EO\times HK.$$ Substituant, il vient :

$$\text{Surf. } AB = 2\pi EO\times HK = \text{cir. } EO\times HK. \text{ c. q. f. d.}$$

3° Supposons enfin la corde AB parallèle au diamètre : la surface engendrée par cette corde est celle d'un cylindre dont la hauteur HK est la projection de la corde, et dont le rayon AH est égal à la distance OE du centre à la corde. Donc on a * :

$$\text{Surf. } AB = \text{cir. } EO\times HK. \text{ c. q. f. d.}$$

425. *La surface de la sphère est égale au produit de la circonférence d'un grand cercle par son diamètre.*

Soit ACB la demi-circonférence qui, en tournant autour du diamètre AB, engendre la surface de la sphère. En divisant cette demi-circonférence en parties égales, et menant les cordes des divisions, la surface engendrée par le périmètre du demi-polygone régulier ainsi formé est égale à la somme des surfaces engendrées par les divers côtés ; or, la surface engendrée par chaque côté est égale * au produit de la circonférence qui a pour rayon l'apothème OE du polygone, par la projection du côté sur le diamètre AB : donc la surface engendrée par le périmètre du demi-polygone régulier est égale au produit de la circonférence inscrite par la somme des projections des côtés, ou par le diamètre AB.

Cela ayant lieu, quel que soit le nombre des divisions de la circonférence, aura lieu si ce nombre est infiniment grand ; mais alors le périmètre du polygone se confond avec la circonférence, et son apothème OE

avec le rayon OA de cette circonférence, et l'on a pour la surface engendrée, qui alors est celle de la sphère, $2\pi\,AO\times AB$, ou le produit de la circonférence d'un grand cercle de la sphère par son diamètre.

N. B. Soit R le rayon de la sphère : la circonférence d'un grand cercle est $2\pi R$; on a donc pour la surface S de la sphère : $S=2\pi R\times 2R$ ou $S=4\pi R^{2}$.

πR^{2} est la surface d'un grand cercle de la sphère : donc *la surface de la sphère est égale à quatre fois celle d'un de ses grands cercles.*

426. On appelle *zone* la partie de la surface de la sphère comprise entre deux plans parallèles qui sont dits les *bases de la zone*; la distance de ces plans est la *hauteur de la zone*. Si l'un des plans devient tangent à la sphère, la *zone* n'a qu'une base et se désigne souvent sous le nom de *calotte sphérique.*

N. B. La zone est engendrée par un arc de grand cercle tournant autour de son diamètre.

427. *La surface d'une zone quelconque est égale au produit de la circonférence d'un grand cercle de la sphère par la hauteur de la zone.*

En divisant l'arc qui engendre la zone en parties égales, et menant les cordes des divisions, on a une ligne polygonale dont les côtés sont des cordes également distantes du centre. La surface engendrée par cette ligne polygonale est égale au produit de la circonférence qui a pour rayon la distance du centre à l'un des côtés par la hauteur de la zone*. Or, cela ayant lieu quel que soit le nombre des divisions de l'arc qui engendre la zone, aura lieu si le nombre des divisions devient infiniment grand. Mais alors la ligne polygonale se confond avec l'arc générateur de la zone ; la surface engendrée est celle de la zone, et la distance de l'un des côtés au centre est le rayon de la sphère ; d'où résulte la proposition énoncée.

R étant le rayon de la sphère et H la hauteur de la zone, on a pour la surface S de la zone : $S = 2\pi RH$.

* 428. *La surface d'une zone à une base est égale à celle d'un cercle ayant pour rayon la corde* AB *de l'arc générateur de cette zone.*   fig. 284.

En effet, zone $AB = 2\pi AO \times AD$*. Or, la corde   * 427.
AB ayant AD pour projection sur le diamètre AE, on a * $AB^2 = AD \times AE = 2AO \times AD$; remplaçant,   * 207.
dans l'expression de la surface de la zone, $2AO \times AD$ par son égale AB^2, il vient : zone $AB = \pi AB^2$, c. q. f. d.

N. B. L'expression de cette surface ne contient pas le rayon de la sphère : donc

Plusieurs sphères étant données, si sur chacune d'elles, d'un point comme pôle, avec une même ouverture de compas, on décrit un cercle, les zones ainsi limitées ont toutes même surface.

429. *Les surfaces des sphères sont dans le rapport des carrés de leurs rayons.*

Soit R le rayon d'une sphère et S sa surface ; $S = 4\pi R^2$. R' étant le rayon d'une autre sphère et S' sa surface ; $S' = 4\pi R'^2$: d'où $\dfrac{S}{S'} = \dfrac{4\pi R^2}{4\pi R'^2} = \dfrac{R^2}{R'^2}$.

430. On appelle *fuseau* la partie de la surface de   fig. 278.
la sphère comprise entre deux demi-grands cercles ACF, ABF, qui se terminent à un diamètre commun.

* 431. *La surface d'un fuseau est à la surface de la sphère dans le rapport de son angle à quatre angles droits, ou dans le rapport de l'arc* C B, *qui mesure son angle, à la circonférence entière* C B H K *de cet arc.*

Soit C L la commune mesure de l'arc C B et de sa circonférence ; supposons qu'elle soit contenue, par ex., 6 fois dans l'arc C B et 187 fois dans la circonférence. Si, par les points de division et le diamètre A F, on menait des plans, la surface du fuseau se trouverait décomposée en 6 parties égales, et la surface de la sphère en contiendrait 187 : donc, etc.

La proportionnalité ayant lieu quelque petite que soit la commune mesure C L, la démonstration s'applique à tous les cas.

* 432. *Mesure de la surface d'un fuseau.*

Soit S la surface de la sphère, et F celle du fuseau : en désignant par A l'angle de ce fuseau et par D

l'angle droit, on a $F:S::A:4D$* ; d'où $F = S \times \dfrac{A}{4D}$

$= \pi R^2 \times \dfrac{A}{D}$; R étant le rayon de la sphère.

Trois plans de grands cercles A C D E, A B D F, C B E F perpendiculaires deux à deux, décomposent la surface de la sphère en huit triangles trirectangles égaux. En désignant par T la surface de l'un de ces triangles, on a $S = 8T$, et par suite $F = 8T \times \dfrac{A}{4D} = T \times \dfrac{2A}{D}$.

Si l'on prend le triangle trirectangle pour unité de surface, et l'angle droit pour unité d'angle, on a $F = 2A$. Ainsi : *la surface d'un fuseau est égale au double de son angle.* Mais il faut entendre par là ce qu'indique la formule, savoir : que la *surface du fuseau contient autant de triangles trirectangles que le double de l'angle du fuseau contient de fois l'angle droit*. Par ex., la surface d'un fuseau de 40° est les $\frac{8 \cdot 0}{9 \cdot 0}$ ou les $\frac{8}{9}$ de celle d'un triangle trirectangle.

* 433. *Si deux arcs de grand cercle se coupent dans un même hémisphère, la somme des triangles opposés* ACB, DCE *est égale au fuseau dont l'angle est* C.   fig. 286.

En effet, ce fuseau se compose du triangle ABC et du triangle ABF, que l'on obtiendrait en prolongeant les côtés CA, CB jusqu'à leur rencontre en F. Or, ce triangle ABF est égal au triangle symétrique CDE*   * 419. comme ayant les trois côtés égaux ; car ABE étant une demi-circonférence ainsi que DEB, le côté AB est égal à DE à cause de la partie commune EB. De même CBF étant une demi-circonférence, ainsi que DCB, le côté BF est égal à CD ; et CAF étant une demi-circonférence, ainsi que ECA, le côté AF est égal au côté CE.

* 434. *Mesure de la surface d'un triangle sphérique.*

Soit un triangle sphérique ABC. Imaginons le plan   fig. 287. des trois sommets de ce triangle : le centre de la sphère ne sera pas dans ce plan, car les trois sommets du triangle seraient trois points de la circonférence d'un grand cercle, et le triangle deviendrait un hémisphère.

Cela posé, un plan parallèle mené par le centre de la sphère donne un grand cercle FDH, base d'un hémisphère comprenant le triangle. En prolongeant les côtés du triangle jusqu'à la rencontre de ce grand cercle, les deux triangles GAF, KAD valent en somme* le fuseau dont l'angle est A ; donc   * 433.

$$KAD + GAF = T \times \frac{2A}{D},$$

$$\text{De même } FBE + HBK = T \times \frac{2B}{D},$$

$$\text{Et } \quad GCH + ECD = T \times \frac{2C}{D}.$$

Ajoutant, remarquant que la somme des six triangles excède la demi-sphère, dont la surface est $4T$, de deux fois le triangle ABC, et divisant par 2, on a :

$$2T + ABC = T \times \frac{A + B + C}{D};$$

d'où $ABC = T \times \dfrac{A+B+C}{D} - 2T = T \times \dfrac{A+B+C-2D}{D}.$

Prenant, comme pour le fuseau, le triangle tri-rectangle pour unité de surface, et l'angle droit pour unité d'angle, $ABC = A + B + C - 2$.

Ainsi : *la surface d'un triangle sphérique est égale à l'excès de la somme de ses angles sur deux angles droits.*

fig. 288.

* 435. *La surface d'un polygone sphérique $ABCDE$ est égale à l'excès de la somme de ses angles sur autant de fois deux angles droits que le polygone a de côtés moins deux.*

D'un sommet E menons des diagonales à tous les autres, ce qui décompose le polygone en autant de triangles qu'il a de côtés moins deux. La surface de chaque triangle a pour mesure l'excès de la somme de ses trois angles sur deux angles droits*, et la somme de tous les angles des triangles est égale à la somme des angles du polygone : donc, etc.

* 434.

N. B. Pour comparer deux angles polyèdres quelconques, il faut placer leurs sommets au centre de la

même sphère ou de sphères égales, et ces angles solides sont entre eux comme les polygones sphériques
interceptés.

En prenant pour unité d'angle polyèdre le trièdre
trirectangle, le nombre qui donne la surface d'un
polygone sphérique fait connaître la mesure de l'angle
polyèdre correspondant.

§ 35. — VOLUME DE LA SPHÈRE.

* 436. *Le volume engendré par un triangle* OAB
tournant autour d'un axe passant par son sommet O,
dans son plan, est égal au produit de la surface qu'en-
gendre la base AB *du triangle par* $\frac{1}{3}$ *de la hauteur* OM.

1° Supposons d'abord que la base AB du triangle   fig. 289.
ait une de ses extrémités B sur l'axe. Abaissons de
l'autre extrémité la perpendiculaire AC sur l'axe. Le
volume engendré par le triangle OAB est égal à la
somme ou à la différence des deux cônes engendrés
par les triangles rectangles OAC, CAB*. Donc

$$\text{Vol. } OAB = \tfrac{1}{3}\pi\, AC^2 \times OB = \tfrac{1}{3}\pi\, AC \times AC \times OB.$$

Menant la hauteur OM, et remplaçant dans l'expression de vol. OAB le produit AC$\times$OB par son
égal AB$\times$OM, il vient

$$\text{Vol. } OAB = \tfrac{1}{3}\pi\, AC \times AB \times OM.$$

Or, $\pi\, AC \times AB =$ surf. AB* : donc enfin   * 397.

$$\text{Vol. } OAB = \text{surf. } AB \times \tfrac{1}{3} OM.$$

2° Supposons la base AB quelconque. En pro-   fig. 290.
longeant cette base jusqu'à l'axe en K,

$$\text{Vol. } OAB = \text{vol. } OAK - \text{vol. } OBK.$$

Abaissons du point O sur la base la perpendiculaire

OM , hauteur commune des deux triangles OAK, OBK, dont les bases ont une extrémité K sur l'axe;
$$\text{Vol. OAK} = \text{surf. AK} \times \tfrac{1}{3} \text{OM},$$
$$\text{et vol. OBK} = \text{surf. BK} \times \tfrac{1}{3} \text{OM}:$$
Donc vol. OAB $= (\,\text{surf. AK} - \text{surf. BK}\,) \times \tfrac{1}{3} \text{OM}$
$= \text{surf. AB} \times \tfrac{1}{3} \text{OM}.$

fig. 201.

3° Supposons enfin la base AB parallèle à l'axe. Abaissons les perpendiculaires AC et BD sur l'axe, et menons la hauteur OM du triangle.
$$\text{Vol. OAB} = \text{vol. OAC} + \text{vol. CABD} - \text{vol. OBD}.$$
$$\text{Vol. OAC} = \tfrac{1}{3}\pi\,\text{AC}^{2} \times \text{OC} = \tfrac{1}{3}\pi\,\text{OM}^{2} \times \text{OC}.$$
$$\text{Vol. CABD} = \pi\,\text{AC}^{2} \times \text{CD} = \pi\,\text{OM}^{2} \times \text{CD}.$$
$$\text{Et vol. OBD} = \tfrac{1}{3}\pi\,\text{BD}^{2} \times \text{OD} = \tfrac{1}{3}\pi\,\text{OM}^{2} \times \text{OD}.$$
$$\text{Donc vol. OAB} = \pi\,\text{OM}^{2}\,(\,\tfrac{1}{3}\text{OC} + \text{CD} - \tfrac{1}{3}\text{OD}\,).$$
Mais OD $=$ OC $+$ CD ; substituant et réduisant,
$$\text{Vol. OAB} = \tfrac{2}{3}\pi\,\text{OM}^{2} \times \text{CD}.$$

* 391.

Or, surf. AB $= 2\pi\,\text{OM} \times \text{CD}^{*}$: donc vol. OAB $=$ surf. AB $\times \tfrac{1}{3} \text{OM}$.

* 437. *Le volume de la sphère est égal au produit de sa surface par le tiers de son rayon.*

fig. 283.

Soit ACB le demi-cercle qui, en tournant autour du diamètre AB, engendre la sphère. Divisons la demi-circonférence en parties égales, et menons les cordes des arcs. Le volume engendré par le demi-polygone régulier ainsi formé est égal à la somme des volumes engendrés par les divers triangles qui le composent, et qui ont pour hauteur commune l'apothème

* 436.

OE. Or*, le volume engendré par chacun de ces triangles est égal à la surface engendrée par le côté du polygone multipliée par $\tfrac{1}{3}$ de l'apothème OE : donc le volume total est égal à la surface engendrée par le périmètre du demi-polygone multipliée par $\frac{1}{3}$ de l'apothème O E.

Cela ayant lieu quel que soit le nombre des divisions de la demi-circonférence, aura lieu si le nombre de ces divisions devient infiniment grand ; mais alors la surface engendrée par le périmètre du demi-polygone est celle de la sphère, le volume engendré par la surface du polygone est celui de la sphère, et l'apothème O E se confond avec le rayon O A de la sphère : donc le volume de la sphère est égal au produit de sa surface par $\frac{1}{3}$ de son rayon.

N. B. R étant le rayon de la sphère, sa surface est * $4\pi R^2$. On a donc pour le volume V de la sphère, $V = 4\pi R^2 \times \frac{1}{3}R$ ou $V = \frac{4}{3}\pi R^3$. * 425.

Soit D le diamètre de la sphère ; $R = \frac{1}{2}D$ et $R^3 = \frac{1}{8}D^3$. Substituant, on a $V = \frac{1}{6}\pi D^3$, nouvelle expression du volume de la sphère qu'il est utile de connaître.

$*$ 438. *Les volumes des sphères sont dans le rapport des cubes des rayons.*

Soit R le rayon d'une sphère et V son volume, on a $V = \frac{4}{3}\pi R^3$.

De même R' désignant le rayon d'une autre sphère et V' son volume, on a $V' = \frac{4}{3}\pi R'^3$: donc $\dfrac{V}{V'} = \dfrac{R^3}{R'^3}$.

$*$ 439. On appelle secteur sphérique le solide engendré par un secteur circulaire qui tourne autour d'un diamètre du cercle auquel il appartient.

L'arc du secteur engendre alors une zone à une ou à deux bases qui est dite la *base* du secteur sphérique.

$*$ 440. *Le volume d'un secteur sphérique est égal au produit de la surface de la zone qui lui sert de base par le tiers du rayon.*

Inscrivons dans l'arc du secteur une ligne polygonale régulière, le volume engendré par le secteur polygonal est égal à la surface décrite par la ligne polygonale multipliée par le tiers de l'apothème *, et cela quel que soit le nombre des côtés de la ligne polygonale. En supposant le nombre des côtés infiniment grand, il en résulte la proposition énoncée.

* 436.

fig. 292.   * **441.** *Le volume engendré par le segment circulaire* AMB *tournant autour d'un diamètre* FG *est égal à* $\frac{1}{6}\pi AB^2 \times CD$, *c'est-à-dire à* $\frac{1}{6}$ *du cylindre qui a pour rayon la corde* AB *du segment, et pour hauteur la projection* DC *de cette corde sur l'axe.*

En effet, vol. AMB = vol. AMBO — vol. ABO.

* 440.   Vol. AMBO = zone $AMB \times \frac{1}{3}AO^* = 2\pi AO \times CD \times \frac{1}{3}AO = \frac{2}{3}\pi AO^2 \times CD$.

* 430.   Vol. ABO = surf. $AB \times \frac{1}{3}OE^* = 2\pi OE \times CD \times \frac{1}{3}OE = \frac{2}{3}\pi OE^2 \times CD$.

Donc vol. $AMB = \frac{2}{3}\pi (AO^2 - OE^2) \times CD$.

Mais $AO^2 - OE^2 = AE^2 = (\frac{1}{2}AB)^2 = \frac{1}{4}AB^2$; donc enfin vol. $AMB = \frac{1}{6}\pi AB^2 \times CD$. c. q. f. d.

* **442.** *Tout segment de sphère compris entre deux plans parallèles a un volume équivalent à la solidité de la sphère dont le diamètre est la distance des deux plans, ou la hauteur du segment, et à celle d'un cylindre dont la hauteur est celle du segment et qui a pour base la demi-somme des deux bases du segment.*

fig. 292.   Soient BD, AC les rayons des bases du segment et CD sa hauteur.

Vol. AMBDC = vol. AMB + vol. ABDC.

* 441.   Vol. $AMB = \frac{1}{6}\pi AB^2 \times CD^*$. Vol. ABCD est le volume d'un tronc de cône dont les rayons des bases

sont AC et BD, et dont la hauteur est CD. Donc* $\quad$ * 400.
vol. $ABDC = \frac{1}{3}\pi CD\,(AC^2 + BD^2 + AC \times BD)$.

Et vol. $AMBDC = \frac{1}{6}\pi AB^2 \times CD + \frac{1}{3}\pi CD\,(AC^2 + BD^2 + AC \times BD) = \frac{1}{6}\pi CD\,(AB^2 + 2AC^2 + 2BD^2 + 2AC \times BD)$.

Mais $AB^2 = BH^2 + AH^2 = CD^2 + (AC - BD)^2 = CD^2 + AC^2 + BD^2 - 2AC \times BD$. Substituant cette valeur de AB^2 dans l'expression du volume du segment,

Vol. $AMBDC = \frac{1}{6}\pi CD\,(CD^2 + 3AC^2 + 3BD^2) = \frac{1}{6}\pi CD^3 + \frac{1}{2}(\pi AC^2 + \pi BD^2) \times CD$, c. q. f. d.

R et r étant les rayons des deux bases du segment, H la hauteur et V le volume, on a :
$$V = \frac{1}{6}\pi H^3 + \frac{1}{2}\pi H(R^2 + r^2).$$

Si le segment n'a qu'une base $r = 0$ et on a simplement :
$$V = \frac{1}{6}\pi H^3 + \frac{1}{2}\pi R^2 H.$$

On appelle *pyramide sphérique* la partie de la sphère comprise entre les faces d'un angle polyèdre qui a son sommet au centre de la sphère.

*443. *Le volume d'une pyramide sphérique est égal au produit de la surface du polygone sphérique qui lui sert de base par le tiers du rayon de la sphère.*

Il est facile de voir que deux pyramides sphériques quelconques sont dans le rapport des polygones qui leur servent de bases.

Cela posé, V étant le volume de la sphère et S sa surface, V' étant le volume d'une pyramide sphérique quelconque et B sa base, en comparant cette pyramide à la pyramide trirectangle dont le volume est $\frac{1}{8}V$ et la base $\frac{1}{8}S$, on a
$$V' : \tfrac{1}{8}V :: B : \tfrac{1}{8}S, \text{ ou } V' : V :: B : S;$$

Par suite, en désignant par R le rayon de la sphère,

$$V':V::B\times\tfrac{1}{3}R:S\times\tfrac{1}{3}R.$$

Or, $V=S\times\tfrac{1}{3}R$: donc $V'=B\times\tfrac{1}{3}R$, c. q. f. d.

*444. On appelle *coin*, ou *onglet* sphérique, la partie du volume de la sphère comprise entre les demi-grands cercles A C F, A B F. Le fuseau A C B F est la *base* de l'onglet.

On démontrera facilement que *le volume d'un onglet est à celui de la sphère comme l'angle du fuseau qui lui sert de base est à quatre angles droits.* D'après cela, V étant le volume d'un onglet, A l'angle du fuseau qui lui sert de base et R le rayon de la sphère, on a

$$V:\frac{4}{3}\pi R^{3}::A:4D;\quad \text{d'où } V=\frac{\pi R^{3}A}{3D}.\quad \text{Or, } \pi R^{2}\frac{A}{D}\text{ est la}$$

surface du fuseau ; donc :

Le volume d'un onglet est égal à la surface du fuseau qui lui sert de base multipliée par $\tfrac{1}{3}$ du rayon de la sphère.

445. Les formules du volume de la sphère, de la pyramide, du secteur et de l'onglet sphérique, peuvent se démontrer directement ainsi qu'il suit :

Le volume de la sphère est égal au produit de la surface par $\tfrac{1}{3}$ de son rayon.

Imaginons des pyramides ayant pour sommet commun le centre de la sphère et pour bases des parties infiniment petites de la surface de la sphère que l'on peut considérer comme les éléments plans de cette surface. Le volume de chacune de ces pyramides étant égal au produit de l'élément de la surface de la sphère qui lui sert de base par $\tfrac{1}{3}$ du rayon de la sphère ; la somme des volumes de ces pyramides, ou le volume de la sphère est égal au produit de la somme des bases de ces pyramides par $\frac{1}{3}$ de la hauteur commune, c'est-à-dire au produit de la surface de la sphère par $\frac{1}{3}$ de son rayon.

Même démonstration pour les volumes de la pyramide du secteur et de l'onglet sphériques.

N. B. La proposition du n° 438 retrouve ici naturellement sa place.

446. *Le volume d'un polyèdre quelconque circonscrit à la sphère, c'est-à-dire dont toutes les faces sont tangentes à la sphère, est égal au produit de la surface du polyèdre par $\frac{1}{3}$ du rayon de la sphère.*

Car le polyèdre se décompose en pyramides ayant pour sommet commun le centre de la sphère et pour bases les diverses faces du polyèdre.

De là résulte cette conséquence :

Les volumes des divers polyèdres et par suite des corps ronds (cylindres ou cônes) circonscrits à une même sphère sont dans le rapport des surfaces de ces polyèdres ou de ces corps ronds.

FIN.

NOTE SUR LES INCOMMENSURABLES.

Trouver la commune mesure, s'il y en a une, entre la diagonale et le côté d'un carré.

fig. 293.   Soit $ABCD$ un carré et AC la diagonale. Pour trouver le rapport de AC à AB, il faut porter AB sur AC; porter le reste CE sur AB, le nouveau reste sur le précédent, et ainsi de suite. Comme les restes deviennent de plus en plus petits, on voit que ce moyen mécanique ne permettra pas de savoir si AC et AB sont incommensurables ou non.

Au lieu de cela, décrivons du point A comme centre avec AB pour rayon une demi-circonférence, le côté

* 210. $BC = AB$ étant tangent *,
$$CF : AB :: AB : CE.$$

Or, $\dfrac{CF}{AB} = 2 + \dfrac{CE}{AB}$: donc $\dfrac{AB}{CE} = 2 + \dfrac{R}{CE}$, R désignant le reste de la division de AB par CE.

On voit par là que la division de AB par CE se ramène à la division de CF par AB, et qu'il en est de même de la division de CE par R.

Ainsi, en désignant par R', R", R''' les nouveaux restes successifs, on a :
$$AC = AB + CE \quad (1),$$
$$AB = 2CE + R \quad (2),$$
$$CE = 2R + R' \quad (3),$$
$$R = 2R' + R'' \quad (4),$$
$$R' = 2R'' + R''' \quad (5),$$

et ainsi de suite indéfiniment : donc *la diagonale est incommensurable avec le côté du carré.*

Dans la série des égalités qui précèdent, les restes successifs deviennent de plus en plus petits et rien ne limite leur petitesse. Considérons un de ces restes, R''' par ex., comme nul, ce qui réduit l'égalité (5) à $R'=2R''$. Substituant dans les autres égalités, on a :

$$R = 4R'' + R'' = 5R'',$$
$$CE = 10R'' + 2R'' = 12R'',$$
$$AB = 24R'' + 5R'' = 29R'',$$
$$\text{et } AC = 29R'' + 12R'' = 41R'';$$

ce qui donne $\dfrac{41}{29}$ pour le rapport *approché* de la diagonale au côté du carré. On obtiendrait des rapports *de plus en plus approchés* en regardant successivement comme nuls des restes de plus en plus éloignés.

Le rapport de deux quantités incommensurables est l'expression numérique qui indique, avec la moindre erreur possible, comment l'une des quantités se compose de l'autre. Cette expression est celle vers laquelle tendent de plus en plus, sans cependant pouvoir jamais l'atteindre, les rapports approchés que l'on trouve par une méthode analogue à la précédente ; ou plus simplement, en concevant une des quantités divisée en un nombre de plus en plus grand de parties égales, et portant une de ces parties sur l'autre quantité autant de fois que possible.

Toute proposition démontrée pour le cas des commensurables est vraie pour le cas des incommensurables, si la vérité de la proposition ne dépend pas de la grandeur de la commune mesure.

Car la proposition étant vraie, quelle que soit la grandeur de la commune mesure, sera vraie quelque petite que soit cette commune mesure, et par conséquent quelque expression approchée que l'on prenne pour le rapport, dans le cas où les quantités seraient incommensurables : donc elle serait vraie si l'on prenait le rapport exact.

Pour passer du cas des commensurables au cas des incommensurables, on peut aussi avoir recours à la *méthode des limites* dont nous allons donner une idée.

On appelle *limite* d'une quantité variable une quantité dont cette variable peut approcher, de manière à en différer de moins que toute grandeur donnée, mais sans pouvoir jamais l'atteindre.

1° *Deux limites* L *et* L' *d'une même variable* V *sont égales.*

Car s'il existait une différence entre ces limites, la variable V ne pourrait pas approcher de la plus grande limite de moins que cette différence sans dépasser la plus petite, ce qui est contraire à la définition.

2° *Deux variables* V *et* V' *qui restent toujours égales dans leurs variations ont leurs limites* L *et* L' *égales.*

Car si l'on a toujours $V = V'$, la limite L' de V' est aussi la limite de V : donc la variable V ayant deux limites L et L', ces deux limites sont égales.

Cela posé, *pour démontrer l'égalité de deux quantités incommensurables, il faut voir s'il existe deux variables dont ces quantités soient les limites respectives, et si ces variables restent toujours égales dans leurs variations.*

fig. 294. Par ex., soient A B et B C incommensurables ; je dis qu'on a toujours $AB:BC::AE:EF$.

Divisons A B en parties égales ; portons une de ces

parties sur BC autant de fois que possible de B en G, et par le point G menons la parallèle G H. Le reste G C est moindre qu'une division de A B : donc en divisant A B en un nombre de plus en plus grand de parties égales, BG est une variable qui a BC pour limite. De même E H est une variable qui a E F pour limite.

Par conséquent, $\dfrac{AB}{BC}$ est la limite de $\dfrac{AB}{BG}$, et $\dfrac{AE}{EF}$ est la limite de $\dfrac{AE}{EH}$. Or, les variables $\dfrac{AB}{BG}$ et $\dfrac{AE}{EH}$ restent toujours égales dans leurs variations, puisque A B et BG sont commensurables * : donc leurs limites $\dfrac{AB}{BC}$ et $\dfrac{AE}{EF}$ sont égales, c. q. f. d.

* 184.

La circonférence est la limite commune des périmètres des polygones réguliers inscrits ou circonscrits dont le nombre des côtés devient de plus en plus grand.

Soit A B le côté d'un polygone régulier inscrit dans une circonférence, et C D le côté du polygone circonscrit semblable. Désignant par L la longueur de la circonférence, plus grande que le périmètre p du polygone inscrit et plus petite que le périmètre P du polygone circonscrit; la différence P—L et la différence L—p seront chacune moindres que P—p. Il reste donc à démontrer que P—p peut devenir moindre que toute quantité donnée.

fig. 295.

Or*, $P:p::OE:OF$; d'où $P-p:OE-OF::P:OE$, et $P-p = \dfrac{P\times(OE-OF)}{OE} = \dfrac{P\times EF}{OE}$. Le périmètre P du polygone circonscrit finira par devenir et rester

* 237.

moindre que celui du carré circonscrit, lequel est égal à $8OE$: donc on aura

$$P-p < \frac{8OE \times EF}{OE}, \text{ ou } P-p < 8EF.$$

Ainsi, pour que $P-p$, et par suite $P-L$ ou $L-p$ deviennent moindres que toute longueur donnée, il suffit de diviser la circonférence en un assez grand nombre de parties égales pour que la flèche EF d'une division soit moindre que $\frac{1}{8}$ de cette division, ce qui est toujours possible.

La surface du cercle est la limite commune des surfaces des polygones réguliers inscrits ou circonscrits dont le nombre des côtés devient de plus en plus grand.

fig. 295. Soient S et s les surfaces de deux polygones réguliers semblables, l'un inscrit, l'autre circonscrit, dont les côtés sont AB et CD : il suffit de prouver que la différence $S-s$ peut devenir moindre que toute grandeur donnée.

* 294. $\star S:s::OE^2:OF^2$; d'où $S-s:S::OE^2-OF^2:OE^2$; et $S-s = \frac{S \times (OE^2-OF^2)}{OE^2}$. Or, $OE^2-OF^2 = (OE+OF)(OE-OF)$. $OE+OF < 2OE$, et $OE-OF = EF$. Substituant, il vient :

$$S-s < \frac{S \times 2OE.EF}{OE^2}, \text{ ou } S-s < \frac{S \times 2EF}{OE}.$$

S devenant et restant moindre que la surface du carré circonscrit ou que $4OE^2$, on aura :

$$S-s < 8OE \times EF.$$

Ainsi, pour que $S-s$ devienne moindre que toute surface donnée K^2, il suffit de diviser la circonférence en un assez grand nombre de parties égales pour que

la flèche EF d'une division soit moindre que $\dfrac{K^2}{8\,OE}$;
c'est-à-dire moindre que la troisième proportionnelle entre huit fois le rayon et la ligne K, ce qui est toujours possible.

On peut donc considérer le cercle comme un polygone régulier d'une infinité de côtés, ainsi que nous l'avions admis.

On démontrerait de même qu'on peut considérer le cylindre comme un prisme droit ayant pour base un polygone régulier d'une infinité de côtés; le cône, comme une pyramide régulière ayant pour base un polygone régulier d'une infinité de côtés; la surface et le volume de la sphère comme la surface et le volume engendrés par un demi-polygone régulier d'une infinité de côtés.

Ces lemmes préliminaires admis, les exemples qui suivent feront comprendre comment la méthode des limites peut s'appliquer dans tous les cas.

La surface d'un cercle est égale au produit de la longueur de la circonférence par la moitié du rayon.

Soit R le rayon du cercle. Circonscrivons un polygone régulier. P étant le périmètre et S la surface de ce polygone, on a : $S = P \times \tfrac{1}{2} R$.

Le nombre des côtés du polygone devenant de plus en plus grand, S est une variable qui a pour limite cercle R, et P une variable qui a pour limite cir. R. Or, les deux variables S et $P \times \tfrac{1}{2} R$ restant égales dans leurs variations, leurs limites sont égales : donc cercle $R = $ cir. $R \times \tfrac{1}{2} R$.

Le volume d'un cône est égal au produit de la surface de sa base par le tiers de sa hauteur.

Circonscrivons à la base du cône un polygone régulier : soit H la hauteur du cône et R son rayon. Désignant par V le volume de la pyramide qui a pour base le polygone régulier et même sommet que le cône, on a : $V = B \times \frac{1}{3} H$.

Les variables V et $B \times \frac{1}{3} H$ restant toujours égales dans leurs variations, leurs limites sont égales : donc vol. du cône $=$ cercle $R \times \frac{1}{3} H$.

Les surfaces des cercles sont dans le rapport des carrés des rayons.

Soit S la surface d'un cercle et R son rayon ; S' la surface d'un autre cercle et R' son rayon. Circonscrivons ou inscrivons aux deux cercles des polygones réguliers semblables, et soient P, P' les surfaces de ces polygones.

$$P : P' :: R^2 : R'^2 ;$$

D'où $\dfrac{P}{R^2} = \dfrac{P'}{R'^2}$.

Or, le nombre des côtés des polygones réguliers augmentant sans cesse, $\dfrac{P}{R^2}$ et $\dfrac{P'}{R'^2}$ sont deux variables qui restent égales dans leurs variations. Donc leurs limites $\dfrac{cer.\ R}{R^2}$ et $\dfrac{cer.\ R'}{R'^2}$ sont égales ; ou

$$Cer.\ R : cer.\ R' :: R^2 : R'^2.$$

NOTIONS DE TRIGONOMÉTRIE.

§ 1er. — FONCTIONS CIRCULAIRES DES ANGLES AIGUS.

La trigonométrie a pour objet la détermination des angles et des côtés d'un triangle par le moyen d'un nombre de données suffisant. Un triangle peut être construit lorsque l'on connaît trois des six éléments qui le composent, pourvu que ces trois éléments déterminent le triangle. Ainsi avec trois côtés quelconques on ne peut pas construire un triangle ; et connaissant les trois angles, tous les triangles semblables répondraient à la question.

On appelle *sinus* d'un arc AB, la perpendiculaire   fig. 1.
BP abaissée de l'une des extrémités de l'arc sur le rayon qui passe par l'autre extrémité ; *tangente* d'un arc, la partie AC de la tangente, depuis le point de contact jusqu'à la rencontre du prolongement du rayon qui passe par l'autre extrémité de l'arc ; et *sécante* d'un arc, la distance OC du centre à l'extrémité de la tangente.

Le complément BD de l'arc AB a aussi un sinus BQ, une tangente DE et une sécante OE.

Le sinus, la tangente et la sécante du complément d'un arc sont dits le *cosinus*, la *cotangente* et la *cosécante* de cet arc.

Ainsi un arc AB a six *lignes trigonométriques* : le sinus BP, la tangente AC, la sécante OC, le cosinus BQ, la cotangente DE et la cosécante OE.

La longueur des lignes trigonométriques d'un même

arc varie avec le rayon de cet arc ; mais les rapports de chacune de ces lignes au rayon sont invariables pour un même arc, et peuvent servir à caractériser l'angle que cet arc mesure.

Ces rapports, qui sont seuls employés en trigonométrie, sont dits le *sinus*, le *cosinus*, la *tangente*, la *cotangente*, la *sécante* et la *cosécante de l'angle*. On les désigne sous le nom général de *fonctions circulaires*.

fig. 2.

Supposons d'abord l'angle aigu. Cet angle A appartient à un triangle rectangle ABC, et a pour complément l'autre angle aigu C de ce triangle. Désignons par a, b, c les côtés de ce triangle respectivement opposés aux angles A, B, C.

Si avec AC pour rayon on décrit l'arc qui mesure l'angle A, le sinus de l'arc est CB ou a, et le sinus de l'angle est le rapport $\dfrac{a}{b}$.

Ainsi : *dans un triangle rectangle, le sinus d'un angle aigu est égal au côté opposé divisé par l'hypoténuse.*

Si l'on prend AB pour rayon de l'arc, la tangente est CB ou a, et la sécante de l'arc est AC ou b.

La tangente de l'angle est $\dfrac{a}{c}$ et la sécante est $\dfrac{b}{c}$.

Ainsi : *dans un triangle rectangle, la tangente d'un angle aigu est égale au côté opposé divisé par le côté adjacent, et la sécante est égale à l'hypoténuse divisée par le côté adjacent.*

On a donc : $\sin A = \dfrac{a}{b}$, $\tang A = \dfrac{a}{c}$, et $\séc A = \dfrac{b}{c}$.

L'angle C étant le complément de l'angle A, on a de même :

$$\text{Cos A} = \sin C = \frac{c}{b}, \quad \cot A = \tan C = \frac{c}{a}, \quad \text{et coséc A} = \text{séc } C = \frac{b}{a}.$$

On voit par là que *les six fonctions circulaires d'un angle aigu sont connues dès qu'on connaît les trois côtés du triangle rectangle dont cet angle fait partie.*

N. B. Il existe bien une infinité de triangles qui correspondent à cet angle ; mais comme tous ces triangles sont semblables, les rapports des côtés de l'un d'eux sont les mêmes que ceux des côtés homologues des autres.

Par ex., dans un triangle rectangle dont les côtés sont 3, 4, 5,   fig. 3.

$$\text{Sin A} = \tfrac{3}{5}, \quad \tan A = \tfrac{3}{4}, \quad \text{séc A} = \tfrac{5}{4},$$
$$\text{Cos A} = \tfrac{4}{5}, \quad \cot A = \tfrac{4}{3}, \quad \text{coséc A} = \tfrac{5}{3}.$$

Connaissant un quelconque des six rapports, trouver les cinq autres.

Le rapport donné fait connaître deux des côtés du triangle rectangle, et par suite la propriété connue du triangle rectangle détermine le troisième côté. Connaissant les trois côtés, on en conclut les cinq autres rapports, ainsi que nous venons de l'expliquer.

Soit, par ex., $\sin A = \tfrac{48}{73}$. L'angle A appartient à un   fig. 4. triangle rectangle ABC dont le côté opposé est 48 et l'hypoténuse 73. On a pour le troisième côté $\sqrt{73^2 - 48^2} = 55$. Par suite,

$$\text{Tang A} = \tfrac{48}{55}, \quad \text{séc A} = \tfrac{73}{55},$$
$$\text{Cos A} = \tfrac{55}{73}, \quad \cot A = \tfrac{55}{48}, \quad \text{coséc A} = \tfrac{73}{48}.$$

Soit $\cos A = \dfrac{m}{n}$. L'angle A fait partie d'un triangle rectangle dont l'hypoténuse est n et le côté adjacent m.

On a pour le troisième côté $\sqrt{n^2-m^2}$, et par suite

$$\sin A = \frac{\sqrt{n^2-m^2}}{n}, \quad \text{tang } A = \frac{\sqrt{n^2-m^2}}{m}, \quad \text{séc } A = \frac{n}{m},$$

$$\cot A = \frac{m}{\sqrt{n^2-m^2}}, \quad \text{coséc } A = \frac{n}{\sqrt{n^2-m^2}}.$$

Soit tang $A = 7 = \frac{7}{1}$; l'angle A fait partie d'un triangle rectangle dont le côté opposé est 7 et le côté adjacent 1 : donc l'hypoténuse est $\sqrt{7^2+1} = \sqrt{50}$, et

$$\text{Sin } A = \frac{7}{\sqrt{50}}, \text{ séc } A = \sqrt{50}, \cos A = \frac{1}{\sqrt{50}},$$

$$\text{Cot } A = \frac{1}{7}, \text{ coséc } A = \frac{\sqrt{50}}{7}.$$

Exprimer les cinq autres rapports, en fonction du sixième.

Soit à exprimer les cinq autres rapports en fonction de sin A.

fig. 5.
Dans le triangle rectangle A B C l'hypoténuse étant 1, le côté opposé est sin A , et par suite l'autre côté est $\sqrt{1-\sin^2 A}$; d'où

$$\text{Tang } A = \frac{\sin A}{\sqrt{1-\sin^2 A}}, \text{ séc } A = \frac{1}{\sqrt{1-\sin^2 A}}.$$

$$\text{Cos } A = \sqrt{1-\sin^2 A}, \cot A = \frac{\sqrt{1-\sin^2 A}}{\sin A}, \text{ coséc } A = \frac{1}{\sin A}.$$

On trouverait de même pour les autres rapports exprimés, par ex., en fonction de la tangente,

fig. 6.
$$\text{Sin } A = \frac{\text{tang } A}{\sqrt{1+\text{tang}^2 A}}, \text{ séc } A = \sqrt{1+\tan^2 A}.$$

$$\text{Cos } A = \frac{1}{\sqrt{1+\text{tang}^2 A}}, \cot A = \frac{1}{\text{tang } A},$$

$$\text{coséc } A = \frac{\sqrt{1+\text{tang}^2 A}}{\text{tang } A}.$$

Relations entre les six fonctions circulaires d'un même angle aigu.

Dans un triangle rectangle A B C dont l'hypoténuse est 1, le côté opposé à l'angle A représente sin A et le côté adjacent cos A.   fig. 7.

La propriété du triangle rectangle donne

$$\text{Sin}^2 A + \cos^2 A = 1.$$

Ainsi : *la somme des carrés du sinus et du cosinus d'un même angle est égale à l'unité.*

Par la définition de la tangente et de la cotangente,

$$\text{Tang } A = \frac{\sin A}{\cos A} \text{ et cot. } A = \frac{\cos A}{\sin A} = \frac{1}{\text{tang } A}.$$

Ainsi : *la tangente est égale au sinus divisé par le cosinus, et la cotangente est l'inverse de la tangente, ou égale au cosinus divisé par le sinus.*

De même par la définition de la sécante et de la cosécante,

$$\text{Séc } A = \frac{1}{\cos A} \text{ et coséc } A = \frac{1}{\sin A}.$$

Ainsi : *la sécante est égale à 1 divisé par le cosinus, et la cosécante à 1 divisé par le sinus.*

En désignant le rayon de l'arc, ou l'hypoténuse, par R, on trouverait les relations qui existent entre les six lignes trigonométriques de l'arc qui mesure l'angle A, savoir :   fig. 8.

$$\text{Sin}^2 A + \cos^2 A = R^2.$$

$$\frac{\text{Tang } A}{R} = \frac{\sin A}{\cos A} \text{ d'où tang } A = \frac{R \sin A}{\cos A}.$$

$$\frac{\text{Cot } A}{R} = \frac{\cos A}{\sin A} \text{ d'où cot } A = \frac{R \cos A}{\sin A}.$$

$$\frac{\text{Séc } A}{R} = \frac{R}{\cos A} \text{ d'où séc } A = \frac{R^2}{\cos A}.$$

$$\frac{\text{Coséc } A}{R} = \frac{R}{\sin A} \text{ d'où coséc } A = \frac{R^2}{\sin A}.$$

N. B. On voit qu'on passe de ces relations à celles des fonctions circulaires en faisant R=1, ou en prenant le rayon pour unité.

§ 2. — RÉSOLUTION DES TRIANGLES RECTANGLES.

Supposons qu'on ait calculé les valeurs de ces six rapports pour chacun des angles de 0 à 90°, ou seulement de l'un d'eux, du sinus, par ex., car on a vu que les cinq autres peuvent s'en déduire, et qu'on ait consigné dans des tables les logarithmes de ces rapports. Les connaissances qui précèdent suffisent pour comprendre la résolution des triangles rectangles au moyen de ces tables. Nous expliquerons plus loin la possibilité de les construire et la manière de s'en servir.

Un triangle rectangle est déterminé lorsque l'on connaît deux côtés ou un côté et un angle, ce qui fait quatre cas que nous allons traiter successivement.

fig. 2. *Résoudre un triangle rectangle connaissant les deux côtés a, c de l'angle droit.*

Il faut trouver l'hypoténuse b et les deux angles A et C ou simplement l'un d'eux puisque l'autre en est le complément.

On a : $b = \sqrt{a^2 + c^2}$, que l'on calcule arithmétiquement si les côtés a, c ne sont pas de très-grands nombres.

Pour déterminer l'angle A, dont on connaît le côté opposé a et le côté adjacent c ; on a, par la définition de la tangente ; tang. $A = \dfrac{a}{c}$, formule propre au calcul des logarithmes. Par suite, C=90°—A.

N. B. Si les côtés a, c sont des nombres trop considérables, on calcule d'abord l'angle A par la formule qui précède; et, cet angle étant connu, on a $\sin A = \dfrac{a}{b}$; d'où $b = \dfrac{a}{\sin A}$, formule propre au calcul des logarithmes.

Résoudre un triangle rectangle connaissant l'hypoténuse b *et un côté* a.   fig. 2.

Il faut trouver l'autre côté c et l'angle A, par ex.

On a $c = \sqrt{b^2 - a^2}$ ou $c = \sqrt{(b+a)(b-a)}$, formule propre au calcul des logarithmes.

Pour trouver l'angle A, comme on connaît le côté opposé a et l'hypoténuse b, on a : $\sin A = \dfrac{a}{b}$, formule propre au calcul des logarithmes.

Résoudre un triangle rectangle connaissant un côté a   fig. 2.
et un angle aigu A.

$C = 90° - A$, et il reste à trouver l'autre côté c et l'hypoténuse b.

Pour trouver c, au moyen de a et de l'angle opposé A; on a : $\tang A = \dfrac{a}{c}$; d'où $c = \dfrac{a}{\tang A}$, formule propre au calcul des logarithmes.

Pour trouver l'hypoténuse b au moyen du côté a et de l'angle opposé A; on a : $\sin A = \dfrac{a}{b}$; d'où $b = \dfrac{a}{\sin A}$, formule propre au calcul des logarithmes.

Résoudre un triangle rectangle connaissant l'hypoténuse b *et un angle* A.   fig. 2.

$C = 90° - A$, et il reste à trouver les deux côtés de l'angle droit a et c.

Pour trouver a au moyen de l'hypoténuse et de l'angle opposé A ; on a : $\sin A = \dfrac{a}{b}$; d'où $a = b \sin A$.

Et pour trouver c ; on a $\sin C = \dfrac{c}{b}$; d'où $c = b \sin C$.

§ 3. — FONCTIONS CIRCULAIRES DES ANGLES OBTUS.

fig. 9.   Le sinus B P d'un arc A B, d'abord nul lorsque l'arc est nul, augmente à mesure que l'arc augmente, et devient égal au rayon lorsque l'arc est égal à 90°.

Lorsque l'arc se termine dans le second quadrant, ou de 90° à 180°, les sinus diminuent et repassent par les mêmes états de grandeur que dans le premier. En effet, soit l'arc A D B' dont le sinus est B' P'. Menons B'B parallèle au diamètre, le sinus B P de l'arc A B est égal à B' P'. Or, les deux arcs A D B' et A B sont supplémentaires, car l'arc A B est égal à A'B', supplément de A D B'.

Ainsi : *le sinus d'un arc est égal au sinus de son supplément.* Par ex., $\sin 124° = \sin(180° - 124°) = \sin 56°$; de même $\sin 108° = \sin 72$.

Nous continuerons à appeler *sinus d'un angle le rapport du sinus de l'arc au rayon* ; donc :

Le sinus d'un angle obtus est égal au sinus de l'angle aigu supplémentaire.

fig. 1.   Le cosinus d'un arc A B est le sinus B Q de l'arc complémentaire B D. Or, B Q = O P distance du centre au pied du sinus.

Nous dirons désormais que le *cosinus d'un arc est la distance du centre au pied du sinus de cet arc*, et

· 255

nous appellerons *cosinus d'un angle le rapport du cosinus de son arc au rayon.* Ainsi tous les angles ont des cosinus.

Cela posé, dans le premier quadrant, le cosinus, égal au rayon lorsque l'arc est nul, diminue lorsque l'arc augmente et est nul lorsque l'arc est de 90°.

Dans le second quadrant, les cosinus repassent par fig. 9. les mêmes états de grandeur que dans le premier. En effet, on voit que l'arc ADB' a pour cosinus OP', égal à OP cosinus de l'arc complémentaire AB. Mais ces deux cosinus OP', OP sont de direction contraire. On indique ce changement de direction par les signes $+$ et $-$. On donne le signe $+$ aux cosinus du premier quadrant qui sont dits *positifs*, et le signe $-$ à ceux du second quadrant qui sont dits *négatifs*. Par conséquent,

Le cosinus d'un arc et par suite le cosinus d'un angle est égal au cosinus de son supplément pris en signe contraire. Par ex., cos 128°$=-$cos $(180-128)=-$cos 52. De même cos 135°$=-$cos 45°.

La tangente, d'abord nulle lorsque l'arc est nul, fig. 10. augmente avec l'arc de 0 à 90°. Pour les arcs moindres que 45°, elle est plus petite que le rayon. La tangente de 45° est égale au rayon, car alors le triangle AOC est isoscèle. De 45° à 90°, la tangente augmente très-rapidement; et pour l'arc de 90°, le rayon OB étant parallèle à AC, la tangente devient infinie.

Dans le second quadrant, les tangentes repassent par les mêmes états de grandeur que dans le premier, mais changent de direction et par conséquent de signe, comme le cosinus. Par ex., les tangentes AC, AC' des arcs supplémentaires A B, A D B' sont égales et de signe contraire.

Soit x un angle obtus et A son supplément. x $=$ 180 — A. Par suite, sin x $=$ sin A, cos x $=$ — cos A, tang x $=$ — tang A. Or, $\frac{\sin x}{\cos x} =$ — tang A. Donc tang x $= \frac{\sin x}{\cos x}$. Ainsi, la relation qui donne la valeur de la tangente d'un angle aigu subsiste lorsque l'angle devient obtus.

En continuant à étudier la marche des autres lignes trigonométriques, on démontrerait de même que les relations trouvées dans les cas des angles aigus s'appliquent au cas où les angles sont obtus.

fig. 11.   *Arcs négatifs.* — Au lieu de supposer que le point A se meut sur la circonférence dans le sens A D C E, supposons qu'il se meut en sens contraire ; les arcs A M, A D N étant considérés comme positifs, on devra considérer comme négatifs les arcs A M', A E N'. Des arcs égaux mais de signe contraire, tels que A M, A M' ou A D N, A E N' ont des sinus M P, M'P ou N Q, N'Q égaux et de signe contraire, tandis que les cosinus O P ou O Q sont égaux et de même signe. Par conséquent,

Lorsqu'un arc change de signe, son sinus change de signe, mais son cosinus reste le même.

Ainsi sin ($-$a) $=$ — sin a, et cos ($-$a) $=$ cos a. On verrait de même que tang ($-$a) $=$ — tang a. Donc tang ($-$a) $= \frac{\sin (-a)}{\cos (-a)}$; et généralement les relations établies pour les arcs positifs et moindres que 90°

subsistent pour des arcs plus grands que 90° positifs ou négatifs.

N. B. Dans la trigonométrie proprement dite, c'est-à-dire dans la résolution des triangles, on n'a pas à considérer des angles ou des arcs plus grands que 180°; mais dans les applications nombreuses qu'on fait des fonctions circulaires, il faut supposer les arcs décrits par un point qui se meut indéfiniment sur la circonférence; d'où résultent des arcs plus grands que la circonférence et pouvant même contenir plusieurs circonférences.

En continuant à étudier la marche des lignes trigonométriques, on voit que, dans tous les cas, elles se ramènent à celles du premier quadrant, prises avec leur signe ou avec un signe contraire. C'est ce qu'on a déjà vu pour celles du second quadrant.

Dans le troisième quadrant, les sinus changent de direction et deviennent *négatifs*. Mais, par ex., le sinus M'P' de l'arc ACM' est égal au sinus MP de l'arc AM, qui en diffère d'une demi-circonférence. Il en est de même du cosinus OP' qui est égal et de direction contraire au cosinus OP.

La tangente AT de l'arc ACM' est la même que la tangente de l'arc AM.

Ainsi : *d'un arc plus grand que 180 et moindre que 270° on peut retrancher la demi-circonférence; le sinus et le cosinus changent de signe, mais la tangente reste la même.*

Dans le quatrième quadrant, le sinus NP de l'arc ACEN est égal et de direction contraire au sinus PM de l'arc AM du premier quadrant qui complète la

fig. 12.

17

circonférence ; mais le cosinus O P est le même ; la tangente est A T' égale et contraire à A T.

Ainsi : *lorsqu'un arc est plus grand que 270° et moindre que 360, on peut le remplacer par l'arc qui complète la circonférence. Le sinus et la tangente changent de signe ; mais le cosinus reste le même.*

Si l'arc devient égal à la circonférence, sin 360°=0, cos 360°=1 et tang 360°=0.

fig. 1. Supposons un arc ayant son origine en A et son extrémité en B, l'arc pouvant contenir une ou plusieurs circonférences. Les lignes trigonométriques de cet arc sont évidemment les mêmes que celles de l'arc A B.

Donc, en résumé, *le calcul des fonctions circulaires se réduit à celui des fonctions circulaires des angles aigus.*

fig. 12. *Le sinus M P d'un arc A M est la moitié de la corde MN de l'arc double M A N.*

On voit par là que le calcul des sinus et cosinus se ramène à celui des cordes des divers arcs ; mais comme la géométrie ne fait connaître directement que quelques-unes de ces cordes, il faut chercher des formules qui puissent servir à la détermination des autres.

FORMULES POUR L'ADDITION ET LA SOUSTRACTION DES ANGLES.

Connaissant les sinus et les cosinus de deux angles, trouver le sinus et le cosinus de la somme ou de la différence de ces deux angles.

fig. 13. Soient C M E, C M D deux angles que nous désignerons par a, b et D M E leur somme a+b.

Supposons d'abord ces angles tous les deux aigus. Prenons une longueur M C sur le côté commun pour représenter le rayon ou 1, et par le point C élevons une perpendiculaire qui rencontrera nécessairement les autres côtés ME, MD. On a $EC =$ tang a; $ME =$ séc a; $CD =$ tang b; $MD =$ séc b.

La surface du triangle DME dont la hauteur $MC = 1$ et la base $DE =$ tang $a +$ tang b est représentée par $\frac{1}{2}$ (tang $a +$ tang b).

En prenant pour base tout autre côté MD, par ex., et abaissant la perpendiculaire EF, la surface du triangle a aussi pour mesure $\frac{1}{2} MD \times EF$. Or $MD =$ séc b et dans le triangle rectangle EMF, on a : sin $EMF =$ sin $(a+b) = \dfrac{EF}{EM} = \dfrac{EF}{séc\ a}$; d'où $EF =$ séc a sin $(a+b.)$ Substituant, on a aussi pour la surface du triangle $\frac{1}{2}$ séc a séc b sin $(a+b)$. Égalant les deux expressions de cette surface,

Séc a séc b sin $(a+b) =$ tang $a +$ tang b, ou par les valeurs connues des sécantes et des tangentes en fonction du cosinus et du sinus,

$$\frac{\text{Sin } (a+b)}{\text{Cos } a \ \cos b} = \frac{\sin a}{\cos a} + \frac{\sin b}{\cos b}.$$

Chassant les dénominateurs, ce qui revient à multiplier de part et d'autre par cos a cos b,

Sin $(a+b) =$ sin a cos $b +$ sin b cos a (1).

Supposons un des angles a, par ex., obtus. Prenant $MC = 1$, sur le prolongement du côté commun, la perpendiculaire rencontre l'autre côté de l'angle a en E, et le prolongement de l'autre côté de l'angle b en D. On a $EC = -$ tang a; $CD =$ tang b; d'où $DE = -$ tang $a -$ tang b. $MD =$ séc b; $ME = -$ séc a, d'où $EF = -$ séc a sin $FME = -$ séc a sin $(a+b)$; égalant les deux expressions de la surface du triangle et changeant les signes, on retrouve la formule (1).

fig. 14.

Si les deux angles sont obtus , la formule est vraie pour les suppléments a', b'. On a donc :

$$\text{Sin}(a'+b') = \sin a' \cos b' + \sin b' \cos a'.$$

Mais $\sin(a'+b') = -\sin(a+b)$, car les deux arcs font en somme une circonférence. $\sin a' = \sin a$; $\sin b' = \sin b$; $\cos a' = -\cos a$, et $\cos b' = -\cos b$. Substituant et changeant les signes, on retrouve encore la formule (1).

La valeur de $\sin(a-b)$ se trouve de même.

fig. 15.

Soient C M E , C M D les deux angles a et b et D M E leur différence a—b. Prenant MC=1 , on a : CE= tang a; CD=tang b; M E=séc a; M D=séc b. La surface du triangle D M E dont la base est D E et la hauteur MC ou 1, a pour première expression $\frac{1}{2}$ (tang a — tang b). Cette même surface, en prenant ME pour base , est aussi représentée par $\frac{1}{2}$ séc a $\times$ D F ; or, dans le triangle rectangle M D F on a : D F= séc b sin (a—b).

Donc séc a séc b sin $(a-b) =$ tang a — tang b.

D'où $\sin(a-b) = \sin a \cos b - \sin b \cos a$ (2).

La généralité de cette formule est aussi facile à démontrer. On peut d'ailleurs la déduire directement de (1) en supposant l'arc b négatif, c'est-à-dire en changeant b en — b, ce qui donne :

$$\text{Sin}(a-b) = \sin a \cos(-b) + \sin(-b) \cos a.$$

$\text{Cos}(-b) = \cos b$ et $\sin(-b) = -\sin b$; substituant

$$\text{Sin}(a-b) = \sin a \cos b - \sin b \cos a.$$

$\text{Cos}(a+b) = \sin(90°-a-b)$; or, $90°-a-b$ étant la différence de deux arcs dont l'un égal à 90° — a et l'autre à b, on a par la formule (2)

$$\text{Cos}(a+b) = \sin(90°-a) \cos b - \sin b \cos(90°-a).$$

$\text{Sin}(90°-a) = \cos a$ et $\cos(90°-a) = \sin a$; donc

$\cos(a+b)=\cos a \cos b - \sin a \sin b\,(3)$.

De même $\cos(a-b)=\sin(90^\circ-a+b)=$

$\sin(90^\circ-a)\cos b+\sin b \cos(90^\circ-a)$.

Ou enfin $\cos(a-b)=\cos a \cos b + \sin a \sin b\,(4)$.

On peut d'ailleurs déduire (4) de (3) en changeant b en — b.

Tangentes de la somme et de la différence de deux angles.

$$\mathrm{Tang}(a+b)=\frac{\sin(a+b)}{\cos(a+b)}=\frac{\sin a \cos b+\sin b \cos a}{\cos a \cos b-\sin a \sin b}.$$

Divisant les deux termes par cos a cos b, il vient

$$\tan(a+b)=\frac{\tan a+\tan b}{1-\tan a \ \tan b}\,(5).$$

On trouvera de même $\tan(a-b)=\dfrac{\tan a-\tan b}{1+\tan a \tan b}(6).$

(6) se déduit aussi de (5) en changeant b en — b, ce qui change tang b en tang $(-b)=-$ tang b.

On calcule de la même manière $\cot(a\pm b)$.

Multiplication et division des angles.

Considérant l'arc 2a comme la somme de deux arcs égaux à a, ce qui revient à faire b égal à a dans les formules (1) et (3) on a :

$\sin 2a=2\sin a \cos a\,(7); \quad \cos 2a=\cos^2 a-\sin^2 a\,(8).$

De même, considérant l'arc 3a comme la somme de deux arcs a et 2a,

$$\sin 3a=\sin a \ \cos 2a+\sin 2a \ \cos a.$$

Remplaçant cos 2a et sin 2a par leurs valeurs, et réduisant

$$\sin 3a=3\sin a-4\sin^3 a.$$

On trouvera de même

$$\cos 3a=4\cos^3 a-3\cos a.$$

En faisant successivement b$=$3a, 4a, 5a,... dans

(1) et (3), on trouverait le sinus et le cosinus de $4a$, $5a$, $6a$, etc.;

En faisant $b=a$ dans la formule (5), on a :

$$\text{Tang } 2a = \frac{2 \tang a}{1 - \tang^2 a}.$$

En faisant $b=2a$, on aurait tang $3a$, etc.

En remplaçant a par $\frac{1}{2}a$ dans (7), il vient :

$$\text{Sin } a = 2 \sin \tfrac{1}{2}a \cos \tfrac{1}{2}a.$$

$$\text{Or, } 1 = \sin^2 \tfrac{1}{2}a + \cos^2 \tfrac{1}{2}a.$$

Ajoutant et retranchant membre à membre,

$$1 + \sin a = \left(\sin \tfrac{1}{2}a + \cos \tfrac{1}{2}a \right)^2;$$

$$\text{d'où } \sin \tfrac{1}{2}a + \cos \tfrac{1}{2}a = \sqrt{1 + \sin a}.$$

$$1 - \sin a = \left(\sin \tfrac{1}{2}a - \cos \tfrac{1}{2}a \right)^2;$$

$$\text{d'où } \sin \tfrac{1}{2}a - \cos \tfrac{1}{2}a = \sqrt{1 - \sin a}.$$

Connaissant ainsi la somme et la différence de $\cos \frac{1}{2}a$ et $\sin \frac{1}{2}a$, il vient :

$$\text{Sin } \tfrac{1}{2}a = \tfrac{1}{2}\sqrt{1 + \sin a} + \tfrac{1}{2}\sqrt{1 - \sin a},$$

$$\text{Et } \cos \tfrac{1}{2}a = \tfrac{1}{2}\sqrt{1 + \sin a} - \tfrac{1}{2}\sqrt{1 - \sin a},$$

formules qui donnent le sinus et le cosinus de la moitié d'un arc en fonction du sinus de cet arc.

On peut aussi calculer $\sin \frac{1}{2}a$ et $\cos \frac{1}{2}a$ en fonction de $\cos a$:

$$\text{On a : } 1 = \cos^2 \tfrac{1}{2}a + \sin^2 \tfrac{1}{2}a;$$

Et en remplaçant a par $\frac{1}{2}a$ dans (8), il vient

$$\text{Cos } a = \cos^2 \tfrac{1}{2}a - \sin^2 \tfrac{1}{2}a;$$

D'où ajoutant et retranchant et extrayant la racine carrée,

$$\text{Sin } \tfrac{1}{2}a = \sqrt{\tfrac{1}{2} - \tfrac{1}{2}\cos a}, \quad \cos \tfrac{1}{2}a = \sqrt{\tfrac{1}{2} + \tfrac{1}{2}\cos a}.$$

Dans les formules $\sin 3a$, $\cos 3a$, en considérant $3a$ comme un arc connu et a comme l'arc inconnu, pour trouver $\sin \frac{1}{3}a$ en fonction de $\sin a$ et $\cos \frac{1}{3}a$

en fonction de cos a, on aurait à résoudre une équation du 3e degré.

De même les formules tang 2 a et cot 2 a conduiraient, par la résolution d'une équation du 2e degré, à la valeur de tang $\frac{1}{2}$ a en fonction de tang a, et de cot $\frac{1}{2}$ a en fonction de cot a, etc.

§ 4. — CONSTRUCTION DES TABLES TRIGONOMÉTRIQUES.

La longueur d'un arc diffère du sinus de cet arc d'une quantité moindre que $\frac{1}{4}$ du cube de la longueur de cet arc.

En effet, sin a$=$2 sin $\frac{1}{2}$ a cos $\frac{1}{2}$a. Or, tang $\frac{1}{2}$ a $> \frac{1}{2}$a revient à $\dfrac{\sin \frac{1}{2} a}{\cos \frac{1}{2} a} > \frac{1}{2}$a, et donne 2 sin $\frac{1}{2}$ a $>$ a cos $\frac{1}{2}$a : donc sin a $>$ a cos$^2 \frac{1}{2}$ a. Cos$^2 \frac{1}{2}$ a$=$1 $-$sin$^2 \frac{1}{2}$a, et par conséquent cos$^2 \frac{1}{2}$ a $>$ 1 $-(\frac{1}{2}$a$)^2$: d'où sin a $>$ a$(1 - \frac{1}{4}$a$^2)$, ou sin a $>$ a $- \frac{1}{4}$ a^3, et a $-$ sin a $< \frac{1}{4}$ a^3, c. q. f. d.

Cherchons la longueur de l'arc de 10".

$$\pi = 3,141592653589793....$$

π est la longueur de la demi-circonférence dont le rayon est 1, ou la longueur de 180°; 180° valent 648000"; donc la longueur de l'arc de 10" est égale à $\frac{1}{648000}$ de π, ou à 0,00004 84813 68110... En prenant ce nombre pour la longueur du sinus de 10", il est facile de voir que sin 10" ne commence à différer de la longueur de l'arc de 10" que par la 13e décimale.

Ainsi sin 10"$=$0,00004 84813 681, l'erreur étant moindre qu'une unité du 13e ordre.

Par suite, on trouve cos 10"$=\sqrt{1 - \sin^2 10"}=$ 0,99999 99988 248.

Nous allons maintenant faire voir comment on peut obtenir les sinus et cosinus de 10" en 10", de 0 à 45°.

Ajoutant les formules (1), (2), on a :

$$\text{Sin } (a+b)+\sin (a-b)=2 \sin a \cos b ;$$

D'où sin $(a+b)=2 \sin a \cos b-\sin (a-b)$.

En posant b=10" et représentant 2 cos b=2 cos 10", déjà obtenu, par m; il vient

$$\text{Sin } (a+10")=\sin a-\sin (a-10") ;$$

Et faisant successivement a=10", 20", 30" 40"...,

$$\text{Sin } 20"=m \sin 10"$$
$$\text{Sin } 30"=m \sin 20"-\sin 10"$$
$$\text{Sin } 40"=m \sin 30"-\sin 20"$$
$$\text{Sin } 50"=m \sin 40"-\sin 30"$$
$$\text{Sin } 60"=m \sin 50"-\sin 40"=\sin 1',$$

etc.

De même en ajoutant (3) et (4),

$$\text{Cos } (a+b)+\cos (a-b)=2 \cos a \cos b ;$$

D'où : cos $(a+b)=2 \cos a \cos b-\cos (a-b)$.

En posant b=10", on a :

$$\text{Cos } (a+10")=m \cos a-\cos (a-10") ;$$

Et faisant successivement a=10", 20", 30"...

$$\text{Cos } 20"=m \cos 10"-1$$
$$\text{Cos } 30"=m \cos 20"-\cos 10"$$
$$\text{Cos } 40"=m \cos 30"-\cos 20"$$
$$\text{Cos } 50"=m \cos 40"-\cos 30"$$
$$\text{Cos } 60"=m \cos 50"-\cos 40"=\cos 1',$$

etc.

La valeur de m, ou de 2 cos 10", n'étant qu'approchée, les erreurs dont seront affectés ces résultats successifs pourront se multiplier et dépasser enfin les limites prescrites. Pour éviter cela et connaître en même temps jusqu'à quel point les erreurs se sont accumulées, on calcule directement, d'après les formules précédentes, les sinus et cosinus des arcs de 9° en 9°, en poussant l'approximation au-delà de ces limites. Si on venait à reconnaître, au moyen de ces repères, que l'on n'a pas une approximation suffisante, on choisirait pour point de départ un arc moindre que 10", celui de 1" par ex., et l'on recommencerait les calculs.

Le calcul des fonctions circulaires serait d'une exécution trop laborieuse si on n'employait pas les logarithmes de ces fonctions. Aussi les tables les donnent-elles immédiatement. Mais, dans l'hypothèse du rayon égal à 1, les sinus et les cosinus sont des fractions et ont leurs logarithmes négatifs. Pour éviter cela, on est convenu d'augmenter de 10 les logarithmes de toutes les lignes trigonométriques, ce qui revient à supposer le rayon égal à $10^{1°}$, et l'on corrige en conséquence les résultats obtenus.

Les tables des sinus cosinus, etc., les plus en usage sont celles de Callet. Elles sont précédées d'une instruction, dans laquelle on explique leur disposition, et par de nombreux exemples la manière de s'en servir. Nous renvoyons le lecteur à cette instruction.

§ 5. — RÉSOLUTION DES TRIANGLES QUELCONQUES.

La résolution des triangles quelconques présente trois cas distincts. On peut connaître un côté et deux angles ; deux côtés et un angle, et il faut que ce soit l'angle compris pour que le triangle soit déterminé, ou enfin les trois côtés.

1er Principe. *Dans tout triangle, les sinus des angles sont dans le rapport des côtés opposés.*

fig. 10.   Soit le triangle A B C dont nous désignerons les côtés par a, b, c. L'angle A étant aigu, on a :

$$\text{Sin A} = \frac{C\,D}{b} \text{ et sin } B = \frac{C\,D}{a}, \text{ d'où } \frac{\sin A}{\sin B} = \frac{a}{b}.$$

Lorsque l'angle A est obtus, le principe subsiste.

$$\sin C\,A\,D = \sin A = \frac{C\,D}{b} \text{ et on a toujours sin } B = \frac{C\,D}{a}.$$

Connaissant un côté a et deux angles, résoudre le triangle.

Le troisième angle se trouve en retranchant de 180° la somme des deux angles connus. On détermine les côtés b et c par les proportions

$$\text{Sin A} : \sin B :: a : b.$$
$$\text{Sin A} : \sin C :: a : c.$$

2e Principe. *Dans tout triangle, la somme de deux côtés est à leur différence comme la tangente de la demi-somme des angles opposés est à la tangente de la différence des mêmes angles.*

En effet, le principe sin A : sin B :: a : b donne
$$\text{sin A} + \sin B : \sin A - \sin B :: a + b : a - b.$$

p et q désignant deux arcs quelconques, ajoutant et retranchant les valeurs de sin (p + q), sin (p — q),

$$\text{Sin } (p + q) + \sin (p - q) = 2 \sin p \cos q.$$
$$\text{Sin } (p + q) - \sin (p - q) = 2 \cos p \sin q.$$

Posant $p + q = A$; $p - q = B$; d'où $p = \frac{1}{2}(A + B)$; $q = \frac{1}{2}(A - B)$.

$$\text{Sin A} + \sin B = 2 \sin \tfrac{1}{2}(A + B) \cos \tfrac{1}{2}(A - B).$$
$$\text{Et Sin A} - \sin B = 2 \cos \tfrac{1}{2}(A + B) \sin \tfrac{1}{2}(A - B).$$

Divisant : $\dfrac{\sin A + \sin B}{\sin A - \sin B} = \tan \frac{1}{2}(A+B)\cot \frac{1}{2}(A-B)$

ou $\quad \dfrac{\sin A + \sin B}{\sin A - \sin B} = \dfrac{\tan \frac{1}{2}(A+B)}{\tan \frac{1}{2}(A-B)}.$

Ce qui revient à la proportion

Sin A+sin B:sin A—sin B::tang $\frac{1}{2}$ (A+B):tang $\frac{1}{2}$ (A—B).

Mais déjà on a trouvé :

Sin A+sin B: sin A—sin B::a+b:a—b.

Donc à cause du rapport commun

a+b:a—b::tang $\frac{1}{2}$(A+B):tang $\frac{1}{2}$(A—B). c. q. f. d.

Connaissant deux côtés a , b *d'un triangle et l'angle compris* C, *déterminer les deux autres angles* A, B *et le troisième côté* c.

L'angle C étant connu,

on a : A+B=180—C et $\frac{1}{2}$ (A+B)=90°—$\frac{1}{2}$ C.

La proportion

a+b : a—b :: tang $\frac{1}{2}$(A+B) : tang $\frac{1}{2}$ (A—B)

fait connaître $\frac{1}{2}$(A—B). Posant $\frac{1}{2}$(A—B)=K,

$$A=90°+K—\tfrac{1}{2} C \; ; \; B=90°—K—\tfrac{1}{2}C.$$

Par suite, on peut déterminer c par la proportion

Sin A:sin C::a:c.

ou bien : Sin B:sin C::a:c.

3ᵉ Principe. *Dans tout triangle , le carré d'un côté est égal à la somme des carrés des deux autres , moins le double produit de ces deux côtés par le cosinus de l'angle compris.*

L'angle A étant aigu , on a vu en géométrie que $\qquad$ fig. 16.

$$a^2=b^2+c^2—2c\times A D.$$

Or , dans le triangle rectangle C A D , on a :

A D=b cos A. Substituant

$$a^2=b^2+c^2—2 b c \cos A.$$

L'angle A étant obtus ,

fig. 16.

$$a^2 = b^2 + c^2 + 2c \times AD.$$ Or, dans le triangle rectangle CA D, on a : $AD = b \cos CAD = -b \cos A$; et substituant :

$$a^2 = b^2 + c^2 - 2bc \cos A.$$

De là on tire pour la valeur de cos A ;

$$\cos A = \frac{b^2 + c^2 - a^2}{2bc}$$

que l'on énonce ainsi qu'il suit :

Dans tout triangle, le cosinus d'un angle est égal à la somme des carrés des côtés qui comprennent l'angle moins le carré du côté opposé, le tout divisé par le double produit des côtés de l'angle.

Connaissant les trois côtés du triangle, résoudre le triangle.

Si les côtés a, b, c ne sont pas très-considérables, s'ils ne sont exprimés que par deux ou trois chiffres, par ex., on trouve les angles par les formules

$$\cos A = \frac{b^2 + c^2 - a^2}{2bc} = \frac{N}{2bc}, \quad \cos B = \frac{a^2 + c^2 - b^2}{2ac} = \frac{N'}{2ac}$$

$$\cos C = \frac{a^2 + b^2 - c^2}{2ab} = \frac{N''}{2ab}$$

auxquelles on peut appliquer les logarithmes après avoir calculé directement les nombres N, N', N".

Mais si les côtés sont exprimés par des nombres de quatre, cinq ou six chiffres, comme cela arrive dans la plupart des applications, cette méthode n'est plus praticable. Le plus simple alors est d'opérer ainsi qu'il suit.

$$1 = \cos^2 \tfrac{1}{2} A + \sin^2 \tfrac{1}{2} A$$

$$\text{et } \cos A = \cos^2 \tfrac{1}{2} A - \sin^2 \tfrac{1}{2} A ;$$

D'où, ajoutant et retranchant

$$1 + \cos A = 2 \cos^2 \tfrac{1}{2} A$$
$$1 - \cos A = 2 \sin^2 \tfrac{1}{2} A$$

et divisant : $\dfrac{1 - \cos A}{1 + \cos A} = \tang^2 \tfrac{1}{2} A.$

Substituant dans cette dernière formule la valeur trouvée de cos A en fonction des trois côtés, il vient

$$\text{Tang}^2 \tfrac{1}{2} A = \frac{2\,bc - b^2 - c^2 + a^2}{2\,bc + b^2 + c^2 - a^2} = \frac{a^2 - (b - c)^2}{(b + c)^2 - a^2}.$$

Or, $a^2 - (b - c)^2 = (a + b - c)(a - b + c),$

et $(b + c)^2 - a^2 = (a + b + c)(b + c - a);$

d'où $\tang^2 \tfrac{1}{2} A = \dfrac{(a + c - b)(a + b - c)}{(a + b + c)(b + c - a)},$

formule propre au calcul des logarithmes.

On abrége les calculs arithmétiques en introduisant le demi-périmètre du triangle. Posant $a + b + c = 2p$, d'où $b + c - a = 2p - 2a = 2(p - a)$; $a + c - b = 2(p - b)$ et $a + b - c = 2(p - c)$; substituant, supprimant les facteurs 2 et extrayant la racine carrée, il vient enfin

$$\text{Tang } \tfrac{1}{2} A = \sqrt{\frac{(p - b)(p - c)}{p(p - a)}};$$

de même : $\tang \tfrac{1}{2} B = \sqrt{\dfrac{(p - a)(p - c)}{p(p - b)}},$

et $\tang \tfrac{1}{2} C = \sqrt{\dfrac{(p - a)(p - b)}{p(p - c)}},$

formules calculables facilement par logarithmes. La première, par ex., donne

$$\text{Log tang } \tfrac{1}{2} A = \tfrac{1}{2} \left\{ \begin{array}{l} \log(p - b) + \log(p - c) \\ - \log p - \log(p - a) \end{array} \right\} + 10.$$

On calcule d'abord p, égal à $\tfrac{1}{2}(a + b + c)$, et par suite $p - a$, $p - b$, $p - c$.

Pour vérification, on ajoute les valeurs de p—a, p—b, p—c , qui doivent reproduire celle de p, car la somme de ces valeurs est égale à $3\,p—(a+b+c)$ $=3\,p—2\,p=p$. On cherche ensuite $\log p$; $\log(p—a)$; $\log(p—b)$; $\log(p—c)$; et l'on en déduit $\log\tan\frac{1}{2}A$; $\log\tan\frac{1}{2}B$; $\log\tan\frac{1}{2}C$. Les tables font connaître les angles correspondants dont la somme doit égaler $90°$. En doublant , on a les angles A , B , C.

Méthode générale pour rendre les formules trigonométriques propres au calcul des logarithmes.

On réduit d'abord la formule à une somme $M+N$, ou à une différence $M—N$.

Pour calculer $M+N$ par logarithmes , on met un des termes en facteurs. On a , par ex., $M+N=M\left(1+\dfrac{N}{M}\right)$. Les tangentes et les cotangentes ayant une valeur quelconque , on pose $\dfrac{N}{M}=\tan^2\varphi$, par ex., φ étant un angle auxiliaire que l'on peut calculer par logarithmes. Par suite , $M+N=M(1+\tan^2\varphi)$. Or , $1+\tan^2\varphi$ $=\sec^2\varphi=\dfrac{1}{\cos^2\varphi}$: donc $M+N=\dfrac{M}{\cos^2\varphi}$, formule calculable par logarithmes.

En posant $\dfrac{N}{M}=\cot^2\varphi$, on aurait $M+N=\dfrac{M}{\sin^2\varphi}$.

Pour calculer $M—N$ par log. , supposons d'abord $M>N$. En mettant M en facteur , $M—N=M\left(1—\dfrac{N}{M}\right)$. $\dfrac{N}{M}$ est une fraction qui peut représenter le carré d'un sinus ou d'un cosinus. Posant $\dfrac{N}{M}=\cos^2\varphi$, par ex.,

φ étant un angle auxiliaire que l'on peut calculer par logarithmes, par suite $M - N = M (1 - \cos^2 \varphi)$, ou $M - N = M \sin^2 \varphi$ calculable par logarithmes.

Si M est $< N$, on calcule $N - M$, et la valeur prise en signe contraire fait connaître $M - N$.

Exemples. — Dans le second cas de résolution des triangles, on a, pour déterminer directement le côté c, la formule

$$c^2 = a^2 + b^2 - 2\,a\,b\,\cos C.$$

Donnons à la valeur de c^2 la forme d'une somme.

$\cos C = \cos^2 \tfrac{1}{2} C - \sin^2 \tfrac{1}{2} C$, d'où $\cos C = 1 - 2 \sin^2 \tfrac{1}{2} C$.

Substituant,

$$c^2 = a^2 + b^2 - 2\,a\,b + 4\,a\,b \sin^2 \tfrac{1}{2} C$$

$$\text{ou } c^2 = (a - b)^2 + 4\,a\,b \sin^2 \tfrac{1}{2} C.$$

Par suite, $c^2 = (a - b)^2 \left\{ 1 + \dfrac{4\,a\,b \sin^2 \tfrac{1}{2} C}{(a - b)^2} \right\}$;

Et posant $\dfrac{4\,a\,b \sin^2 \tfrac{1}{2} C}{(a - b)^2} = \tan^2 \varphi \quad (1),$

$$\text{on trouve } c = \frac{(a - b)}{\cos \varphi} \quad (2).$$

La formule (1), propre au calcul des logarithmes, fait connaître l'angle auxiliaire φ ; et par suite la formule (2), également propre au calcul des logarithmes, détermine le côté c directement.

Donnons à la valeur de c^2 la forme d'une différence.

$\cos C = 2 \cos^2 \tfrac{1}{2} C - 1$. Substituant,

$$c^2 = a^2 + b^2 + 2\,a\,b - 4\,a\,b \cos^2 \tfrac{1}{2} C.$$

Ou $c^2 = (a + b)^2 - 4\,a\,b \cos^2 \tfrac{1}{2} C$. Le carré c^2 devant être positif, on doit avoir $(a + b)^2 > 4\,a\,b \cos^2 \tfrac{1}{2} C$. On peut donc mettre $(a + b)^2$ en facteur, ce qui donne

$c^2 = (a + b)^2 \left\{ 1 - \dfrac{4\,a\,b \cos^2 \tfrac{1}{2} C}{(a + b)^2} \right\}$ et poser $\dfrac{4\,a\,b \cos^2 \tfrac{1}{2} C}{(a + b^2)}$

$= \cos^2 \varphi \ (1)$, d'où $c = (a + b) \sin \varphi \ (2)$.

· Au moyen de ces deux formules également propres au calcul des logarithmes, on détermine d'abord φ et par suite c.

On peut aussi, dans la valeur de c^2, multiplier $a^2 + b^2$ par $\sin^2 \frac{1}{2} C + \cos^2 \frac{1}{2} C$ qui est égal à 1, et remplacer cos C par sa valeur $\cos^2 \frac{1}{2} C - \sin^2 \frac{1}{2} C$; il vient $c^2 = (a^2 + b^2)(\sin^2 \frac{1}{2} C + \cos^2 \frac{1}{2} C) - 2ab(\cos^2 \frac{1}{2} C - \sin^2 \frac{1}{2} C)$, et mettant en facteur $\sin^2 \frac{1}{2} C$ et $\cos^2 \frac{1}{2} C$.

$$c^2 = (a^2 + b^2 + 2ab)\sin^2 \tfrac{1}{2}C + (a^2 + b^2 - 2ab)\cos^2 \tfrac{1}{2}C.$$

Ou $c^2 = (a+b)^2 \sin^2 \frac{1}{2} C + (a-b)^2 \cos^2 \frac{1}{2} C.$

Posant $\dfrac{a-b}{a+b} \cot \frac{1}{2} C = \tang \varphi \,(1),$

on a : $c = \dfrac{(a+b)\sin \frac{1}{2} C}{\cos \varphi} \,(2).$

Résoudre un triangle connaissant le périmètre 2 p et les angles A, B, C.

a, b, c désignant les côtés inconnus, on a :

$$\text{Sin } A : a :: \sin B : b :: \sin C : c ;$$

d'où $\sin A + \sin B + \sin C : a + b + c = 2p :: \sin A : a$,

Et $a = \dfrac{2\,p \sin A}{\sin A + \sin B + \sin C}$, formule qu'il faut rendre propre au calcul des logarithmes.

L'angle C étant le supplément de $A + B$,

$$\text{Sin } C = \sin(A+B) = \sin A \cos B + \sin B \cos A.$$

Par suite, le dénominateur devient

$$\text{Sin } A + \sin B + \sin A \cos B + \sin B \cos A ;$$

ou $\sin A (1 + \cos B) + \sin B (1 + \cos A).$

Or, $1 + \cos B = 2\cos^2 \frac{1}{2} B$ et $1 + \cos A = 2\cos^2 \frac{1}{2} A.$

$\text{Sin } A = 2\sin \frac{1}{2} A \cos \frac{1}{2} A$ et $\sin B = 2\sin \frac{1}{2} B \cos \frac{1}{2} B.$

Substituant, on a pour dénominateur :

$$4 \sin \tfrac{1}{2} A \cos \tfrac{1}{2} A \cos^2 \tfrac{1}{2} B + 4 \sin \tfrac{1}{2} B \cos \tfrac{1}{2} B \cos^2 \tfrac{1}{2} A,$$

ou $4 \cos \tfrac{1}{2} A \cos \tfrac{1}{2} B \left(\sin \tfrac{1}{2} A \cos \tfrac{1}{2} B + \sin \tfrac{1}{2} B \cos \tfrac{1}{2} A \right)$;

ou enfin $4 \cos \tfrac{1}{2} A \cos \tfrac{1}{2} B \sin \tfrac{1}{2} (A + B) = 4 \cos \tfrac{1}{2} A \cos \tfrac{1}{2} B \cos \tfrac{1}{2} C.$

Le numérateur $2 p \sin A = 4 p \sin \tfrac{1}{2} A \cos \tfrac{1}{2} A.$

$$\text{Donc enfin : } a = \frac{p \sin \tfrac{1}{2} A}{\cos \tfrac{1}{2} B \cos \tfrac{1}{2} C} ;$$

$$\text{de même } \quad b = \frac{p \sin \tfrac{1}{2} B}{\cos \tfrac{1}{2} A \cos \tfrac{1}{2} C} ,$$

$$\text{et } \quad c = \frac{p \sin \tfrac{1}{2} C}{\cos \tfrac{1}{2} A \cos \tfrac{1}{2} B} .$$

Pour nouvel exemple de ces transformations, nous allons chercher sin A en fonction des côtés.

$$\text{Sin}^2 A = 1 - \cos^2 A,$$

$$\text{et } \cos A = \frac{b^2 + c^2 - a^2}{2 \, bc}$$

$$\text{Substituant : } \sin^2 A = \frac{4 b^2 c^2 - (b^2 + c^2 - a^2)^2}{4 b^2 c^2}$$

La différence des carrés $4 b^2 c^2 - (b^2 + c^2 - a^2)^2$

$$= (2 bc + b^2 + c^2 - a^2)(2 bc - b^2 - c^2 + a^2).$$

$$2 bc + b^2 + c^2 - a^2 = (b + c)^2 - a^2$$

$$= (a + b + c)(b + c - a) = 4 p (p - a).$$

$$2 bc - b^2 - c^2 + a^2 = a^2 - (b - c)^2$$

$$= (a + b - c)(a + c - b) = 4 (p - b)(p - c) ;$$

$$\text{d'où } \quad \sin A = \frac{2 \sqrt{p(p-a)(p-b)(p-c)}}{b c}$$

Surface d'un triangle en fonction des trois côtés.

Surf. $A B C = \tfrac{1}{2} c \times C D$; or, $C D = b \sin A$;

donc surf. $A B C = \tfrac{1}{2} b c \sin A.$

fig. 16.

Et remplaçant sin A par sa valeur

$$\text{Surf. } ABC = \sqrt{p(p-a)(p-b)(p-c)}.$$

Ainsi les quatre mêmes logarithmes qui font connaître les angles d'un triangle en fonction des côtés servent à la détermination de la surface du triangle.

§ 6. — APPLICATION DE LA RÉSOLUTION DES TRIANGLES.

fig. 175.
pl. VI.

Trouver la hauteur d'un édifice A B *dont le pied est accessible.* b désignant la base BC, L l'angle A DE et H la hauteur A E ; on a : tang $L = \dfrac{H}{b}$, d'où $H = b$ tang L

et log H = log b + log tang L — 10.

Soit b = 17^m,16 et L = 48° — 15' — 20"

Log 17,6 = ... 1,2455127

Log tang 48° — 15' — 20" = 10,0494599

Somme. 11,2949726

D'où log. H = ... 1,2949726

et A D = 19^m,73.

Ajoutant E B = 1^m,12. . . . . il vient : A B = 20^m,85.

Trouver la hauteur d'un édifice dont le pied est inaccessible, ou la hauteur d'une montagne au-dessus du plan horizontal qui passe par le point où l'on est placé.

fig. 17.

Soit S le sommet de la montagne, A le point où l'on est placé. Mesurant sur le terrain une base A B, on déterminera, avec le graphomètre, les angles SAB, S B A du triangle SA B. Le supplément de leur somme donnera l'angle ASB. Le côté A S sera déterminé par la proportion

Sin A S B : sin S B A : : A B : A S.

Concevons ensuite un plan vertical passant par A S ; une horizontale A P dans ce plan et la verticale S P ; S P sera la hauteur demandée. Or, dans le triangle rectangle A S P, on connaît déjà l'hypoténuse A S. L'angle S A P peut être mesuré, comme dans le cas précédent, et l'on a par suite S P=A S sin S A P.

Soit A B=2356^m,7; S A B=63°—19'—25"; S B A=48°—35'—42"; S A P=43°—19'—50". L'angle A S B =68°—4'—53".

Calcul de A S.

Log (A B=2356^m,7)............= 3,3723043
Log (sin 48°—35'—42")........= 9,8750921
Comp. log sin 68°—4'—53"......= 0,0325854

Log. AS........................= 3,2799818

Calcul de S P.

Log A S........................= 3,2799818
Log sin 43°—19'—50"..........= 9,8364547

Log S P.......................= 3,1164365
Et S P=1307^m,5.

N. B. On n'a pas cherché la valeur de A S qui est de 1905^m,4 parce que le calcul de S P n'exige que la connaissance de log A S.

La détermination de A S montre comment on peut obtenir la distance d'un point A où l'on est placé à un point inacessible S.

Autre solution. Imaginant les deux plans verticaux S A P, S P B, on pourrait mesurer les angles horizontaux A et B du triangle P A B; et comme on connaît la base A B , on calculerait A P par la proportion

$$\text{Sin} (A+B):\sin B::A B:A P.$$

Mesurant, en outre, l'angle vertical S A P, on aurait par suite S P$=$A P tang S A P.

Trouver la distance de deux points A *et* B, *un obstacle s'opposant à ce qu'on puisse parcourir la ligne* A B.

Prenez un point C, dans une position telle qu'on puisse mesurer les lignes C A , C B. Mesurant ensuite l'angle C , la détermination de A B rentre dans le deuxième cas de résolution des triangles. Faisant A C$=$b , C B$=$a , on a :

$$a+b:a-b::\text{tang}\tfrac{1}{2}(A+B)\ \text{ou cot}\ \tfrac{1}{2}C::\text{tang}\ \tfrac{1}{2}(A-B).$$

Après avoir déterminé les angles A et B , on trouvera A B ou c par la proportion

$$\text{Sin A}:\sin C::a:c.$$

Soit A C$=$b$=2653^m$, C B$=$a$=3469^m$ et C$=68°\ 43'\ 28"$. On en déduit a$-$b$=816$, a$+$b$=6122$, $\tfrac{1}{2}(A+B)=55°\ 38'\ 16"$.

$$\text{Calcul de } \tfrac{1}{2}(A-B).$$

Log cot $(\tfrac{1}{2}C=34°\ 21'\ 44")=$ 10,1651050

Log $(a-b)=$ 2,9116902

Comp. log $(a+b)=$ 6,2131067

Log tang $\tfrac{1}{2}(A-B)=$ 9,2899019

$\tfrac{1}{2}(A-B)=11°\ 1'\ 51"$.

On conclut de là A$=66°\ 40'\ 7"$, B$=44°\ 26'\ 25"$.

Calcul de A B *ou* c.

Log sin (C=68° 43' 28")=.....	9,9693442
Log a=...................	3,5402043
Comp. log sin (A=66° 40' 7")=..	0,0370487
Log c=....................	3,5465972

c ou A B=3520^m,44.

Si l'on veut déterminer c directement, on prend, par ex., les deux formules

$$\frac{2\sqrt{ab}\ \sin\tfrac{1}{2}C}{a-b} = \text{tang } \varphi \quad (1),$$

$$c = \frac{a-b}{\cos \varphi} \quad (2),$$

Log tang $\varphi = $ log 2 + log sin $\tfrac{1}{2}$ C + $\tfrac{1}{2}$ log a + $\tfrac{1}{2}$ log b + comp. log (a—b).

Log 2=....................	0,3010300
Log sin ($\tfrac{1}{2}$ C=34° 21' 44")=.....	9,7516046
$\tfrac{1}{2}$ log a =..................	1,7701021
$\tfrac{1}{2}$ log b=...................	1,7118686
Comp. log (a—b) =..........	7,0883098
Log tang φ=...............	10,6229151

$\varphi = 76°\ 35'\ 51"$.

Calcul de c.

Log (a—b) + log R............	12,9116902
Log cos φ =..............	9,3650954
Log c =....................	3,5465948

c=3520^m,42.

Il y a une différence de 2 centimètres dans les deux valeurs de c, différence bien faible relativement à c, ~

et qu'on aurait trouvée moindre si , dans la détermination des angles , nous avions tenu compte des 10mes de seconde.

Trouver la distance de deux points inaccessibles et la différence de niveau entre ces deux points.

fig. 172.
Pl. VI.

On opère comme on l'a indiqué en géométrie, page 110. On calculera le côté A M du triangle M A B, dans lequel on connaîtra la base A B et les deux angles à la base. On calculera de même le côté A N du triangle N A B. Connaissant ainsi dans le triangle M A N les deux côtés A M, A N et l'angle compris M A N, égal à la différence des deux angles connus M A B, N A B, on calculera la distance cherchée M N, comme on vient de l'expliquer dans le problème qui précède.

En observant au point A les angles que M A et N A font avec l'horizontale, dans les plans verticaux que ces lignes déterminent, on pourra obtenir, ainsi que nous l'avons expliqué , les hauteurs des points M et N au-dessus du plan horizontal passant par le point A , et par suite la différence de niveau des deux points M et N.

Pour vérification, on peut calculer les côtés B M, B N des triangles M A B, N A B, et par suite le côté M N du triangle M B N. On pourra aussi obtenir les hauteurs des points M et N au-dessus du plan horizontal passant par le point B , ce qui doit donner aussi la différence de niveau des deux points M et N.

FIN.

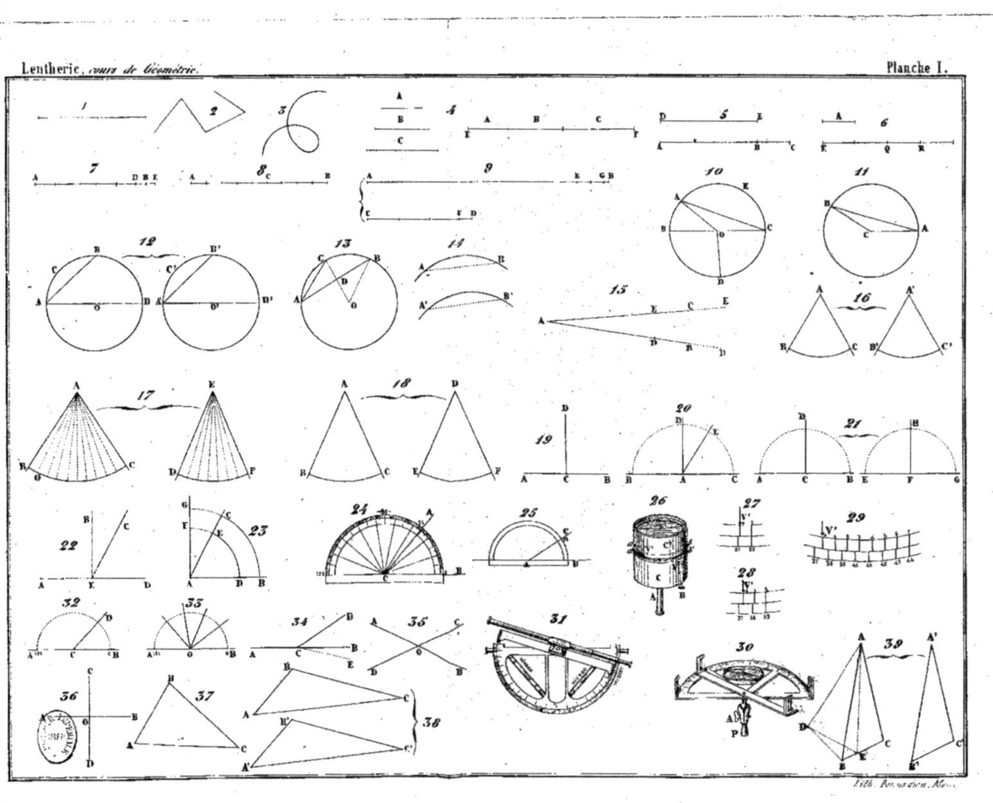

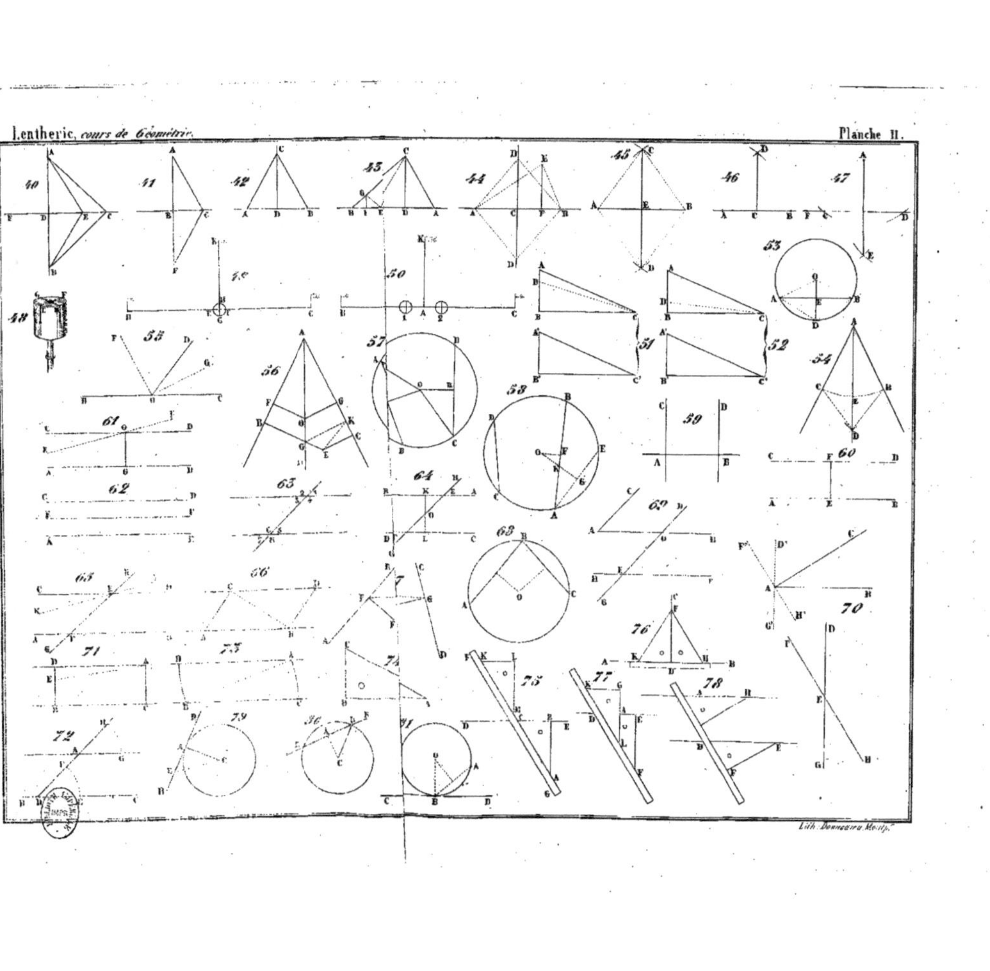

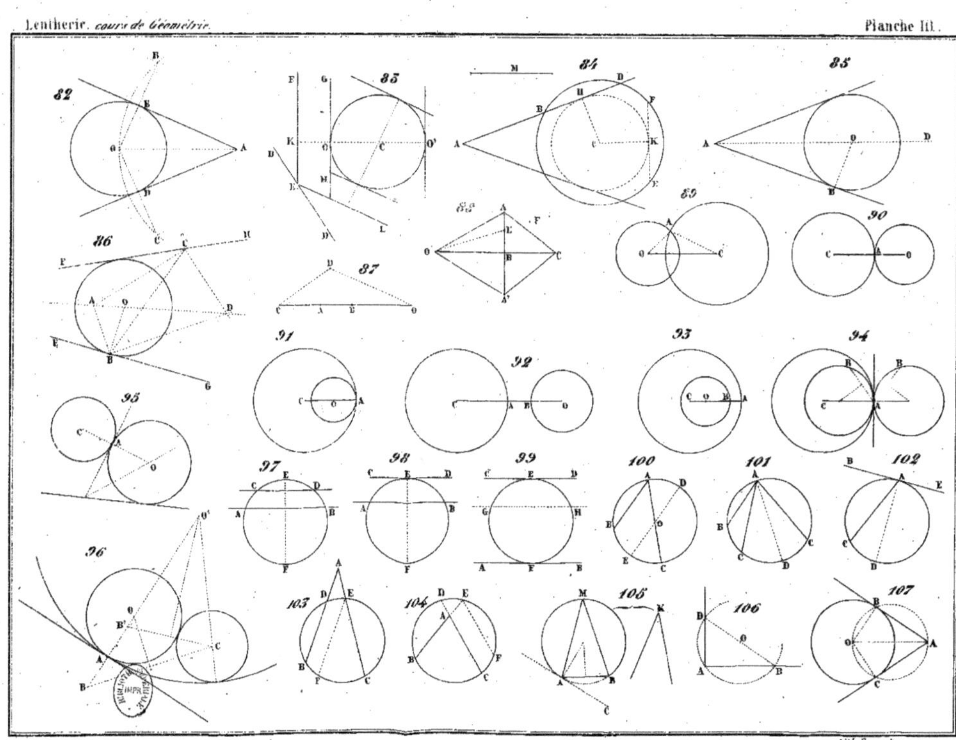

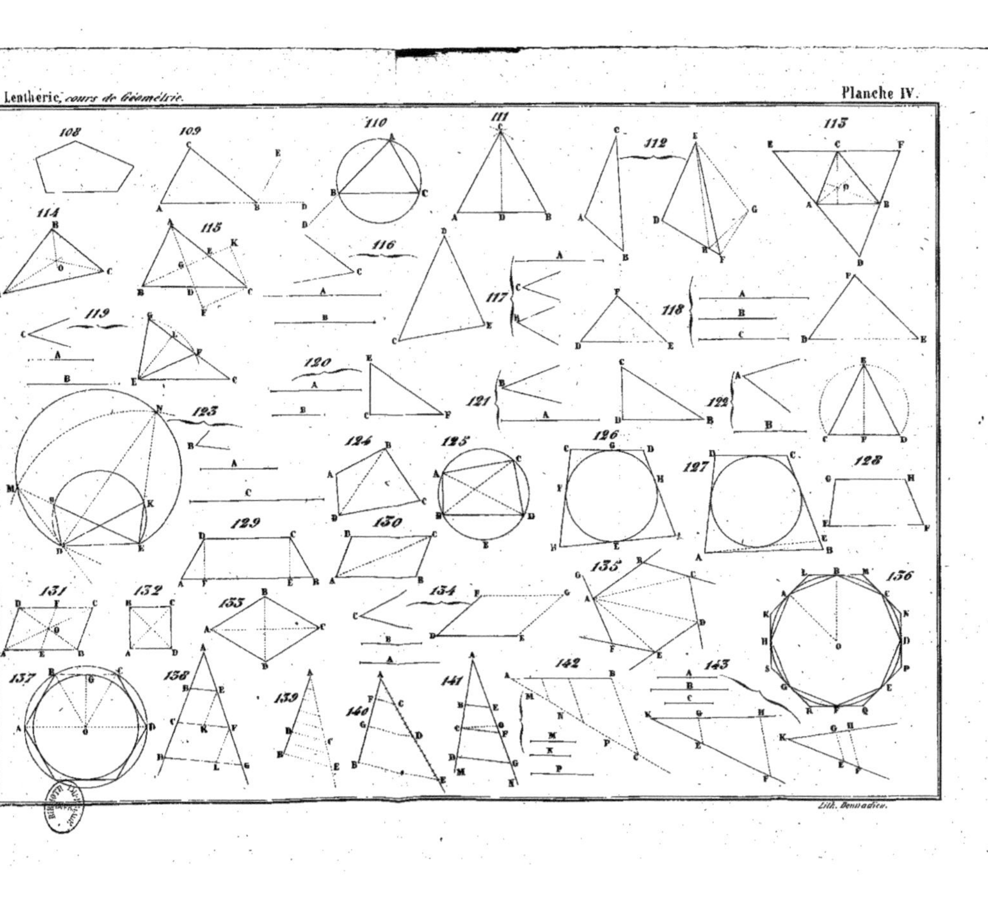

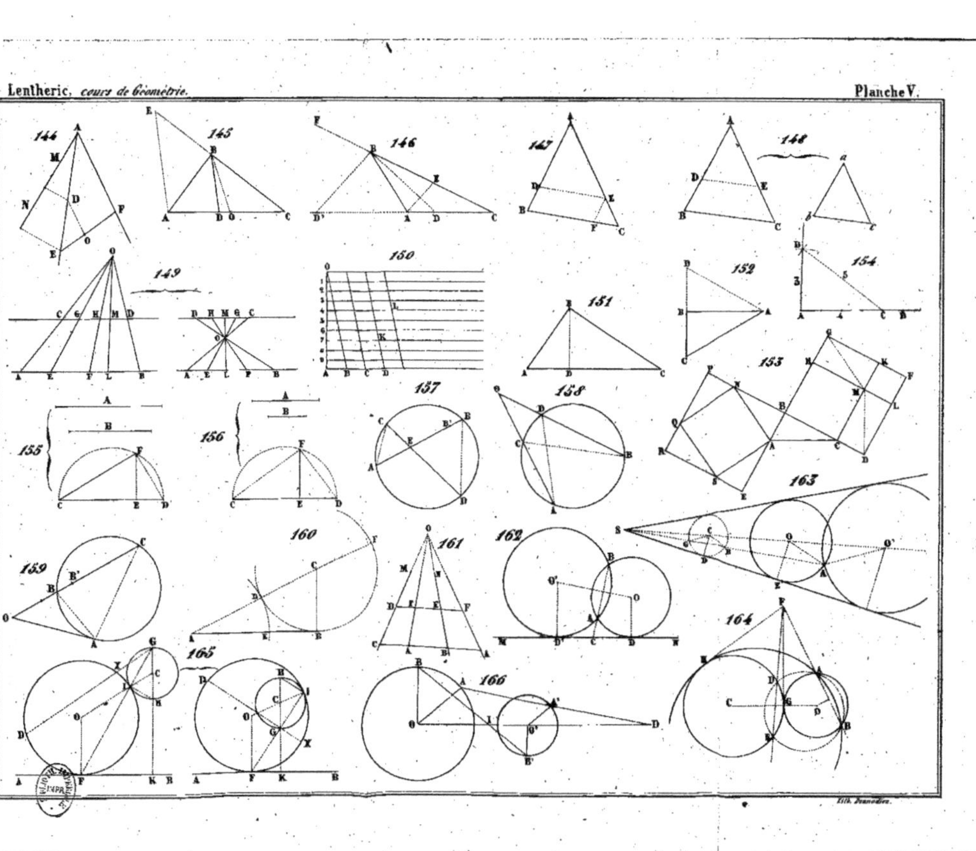

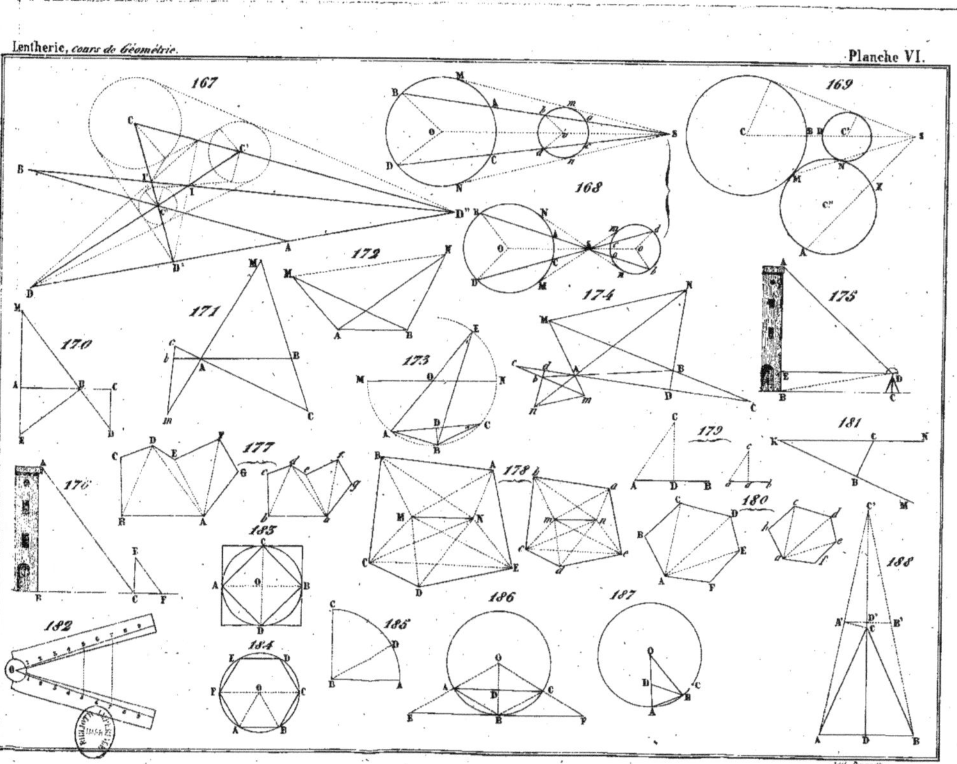

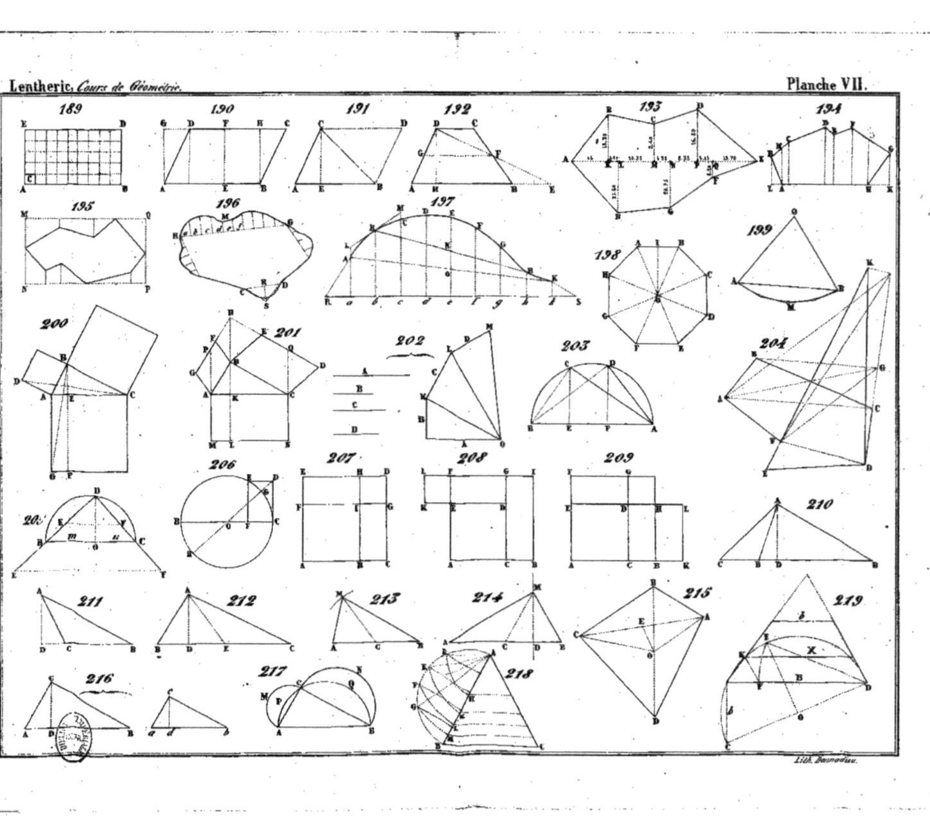

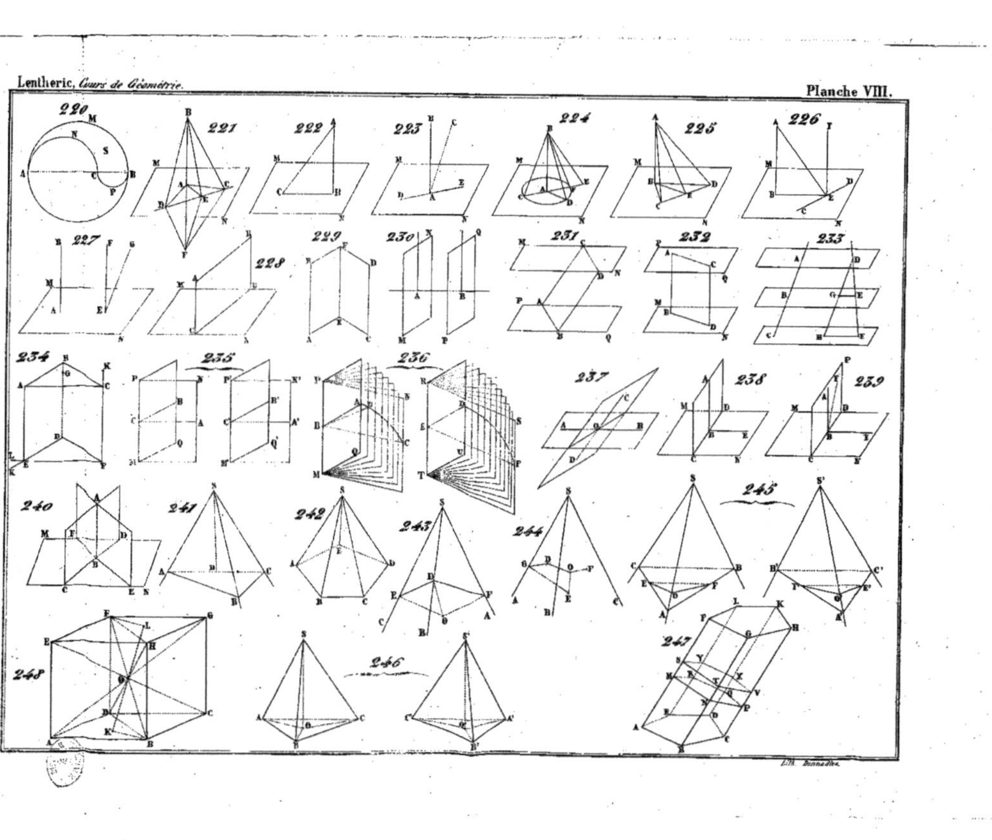

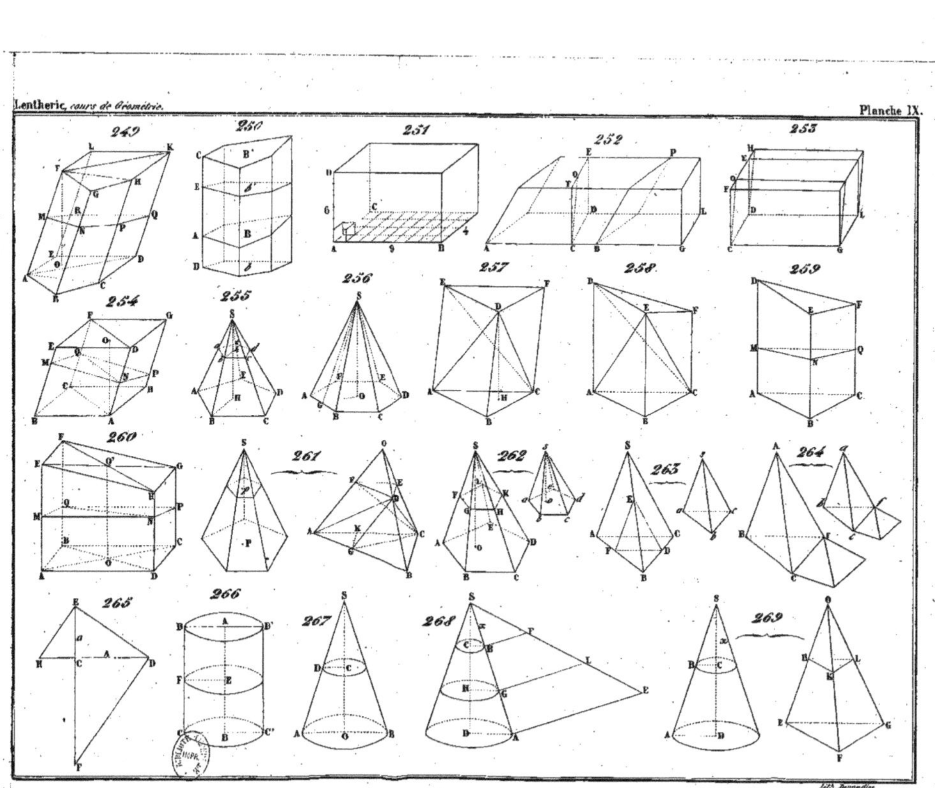

249
250
251
252
253
254
255
256
257
258
259
260
261
262
263
264
265
266
267
268
269

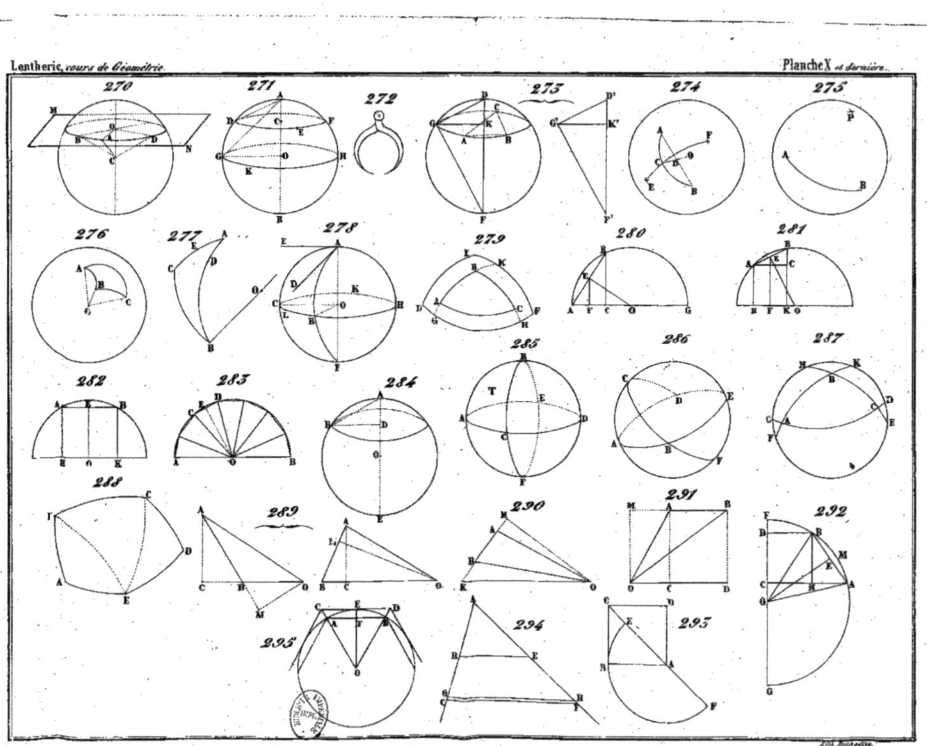

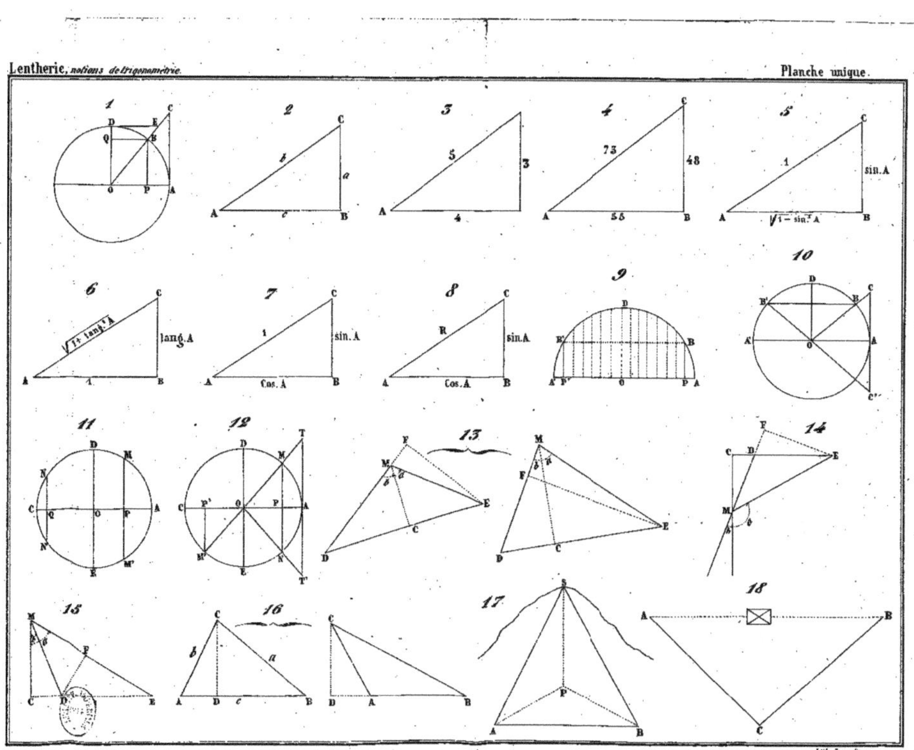

COURS D'ARITHMÉTIQUE

DU MÊME AUTEUR.

(*TROISIÈME ÉDITION.*)

UN VOLUME IN-8°. — PRIX : 3f 50c

Montpellier, RICARD Frères, Impr. de la Pré